拓扑同构与视频目标跟踪

Topological Isomorphism and Target Tracking in Video

付维娜 于 萍 著

西安电子科技大学出版社

内 容 简 介

本书是依据作者在博士学习期间的研究成果，并结合计算机视觉领域中视频目标跟踪问题的研究现状以及信息时代对视频信息处理的具体需要编写而成的。

全书共分五章：第 1 章介绍了视频目标跟踪的相关基础理论知识，论述了该研究对国家和人民生活的重要意义，同时对视频目标检测、视频目标跟踪的历史与研究现状进行了回顾与分析；第 2 章～第 4 章系统地介绍了视频监控中的移动目标跟踪方法，主要包括一种基于背景动态重建的视频移动目标检测方法和另一种结合目标颜色信息拓扑关系的目标跟踪方法，并进行实时性的具体实现；第 5 章是总结与展望。

本书可供计算机相关领域研究者学习和参考。

图书在版编目(CIP)数据

拓扑同构与视频目标跟踪/付维娜，于萍著. —西安：西安电子科技大学出版社，2018.5
ISBN 978-7-5606-4910-8

Ⅰ. ① 拓… Ⅱ. ① 付… ② 于… Ⅲ. ① 目标跟踪—研究 Ⅳ. ① TN953

中国版本图书馆 CIP 数据核字(2018)第 070077 号

策　　划　刘小莉
责任编辑　师　彬　阎　彬
出版发行　西安电子科技大学出版社(西安市太白南路 2 号)
电　　话　(029)88242885　88201467　　　邮　　编　710071
网　　址　www.xduph.com　　　电子邮箱　xdupfxb001@163.com
经　　销　新华书店
印刷单位　陕西天意印务有限责任公司
版　　次　2018 年 5 月第 1 版　　2018 年 5 月第 1 次印刷
开　　本　787 毫米×960 毫米　1/16　印　张　5
字　　数　95 千字
印　　数　1～1000 册
定　　价　23.00 元
ISBN 978-7-5606-4910-8/TN

XDUP 5212001-1

如有印装问题可调换

前　言

视频序列中的移动目标跟踪是计算机视觉领域的热点研究课题之一，在军事和民用领域都有广泛的应用，吸引了众多国内外学者的普遍关注。研究者提出了许多有效的跟踪算法，跟踪的性能也不断得到提高。然而，仍存在如非线性形变，目标姿态变化，前景与背景间的遮挡、交错，复杂背景中噪声干扰等各种影响跟踪的问题。因此，提高视频跟踪算法的鲁棒性、准确性仍然是一项充满挑战性的工作。此外，跟踪算法是否能够保证实时性也是需要研究的方面。

本书针对视频中移动目标检测和跟踪算法进行研究，主要完成以下三个方面的创新性工作：

(1) 针对目标检测和跟踪过程中的背景未知、背景复杂问题，提出一种基于背景动态重建的视频移动目标检测方法。该方法结合目标方向动态重建背景，并在新建立的背景基础上进行目标检测和跟踪，解决了现有方法中前景检测依赖已知背景的问题。并且，对背景进行形态学运算，加强了针对轻微抖动、亮度变化等复杂背景的抗干扰能力，提高了检测和跟踪的准确率和效率。

(2) 针对视频目标跟踪过程中目标的遮挡问题，提出一种结合目标颜色信息拓扑关系的目标跟踪方法。该方法将目标颜色位置拓扑关系作为新特征与其他特征进行融合以实现目标跟踪，解决了传统目标跟踪方法将颜色成分相同而位置不同的其他背景识别为目标的问题；通过对拓扑结构矩阵进行近似同构性的判断，解决了由于部分颜色信息被掩盖导致的识别错误问题，为此类特征融合的目标跟踪算法提供了新的思路；通过将多个特征弱分类器组成级联强分类器来建立目标判决模型，有效地解决了目标在运动中经常出现的单一特征缺失导致跟踪无法继续的问题，提高了视频中目标跟踪算法的有效性和准确性。

(3) 针对传统多移动目标跟踪方法计算量大，不能保证计算的实时性问题，提出一种视频实时多移动目标跟踪的分布式方法，并设计了合理的分布式调度算法。该分布式方法将前景按照其连通性分解成若干子目标进行跟踪，有效地降低了因为被跟踪目标过大、过多导致的时耗问题，提高了多移动目标跟踪的效率，达到了实时性标准。

综上，本书对视频目标检测和跟踪过程中的背景重建、多特征融合的目标跟踪方法及多目标跟踪的分布式方法等问题进行了研究，解决了目前大多数跟踪都需要依赖已知背景的局限，消除了背景复杂、成像设备抖动、亮度变化等情况对跟踪的不利影响；找到了一组能够较好地反映移动目标特点的特征，有效地避免了由于遮挡和其他原因导致的特征损耗和淹没；解决了多目标跟踪计算量过大的问题，取得了较好的时效性并实现了多移动目标的实时跟踪。

编　者

2018 年 1 月

目　录

第 1 章　相关背景与知识基础

人类感知世界有多种途径，如视觉、听觉、触觉、嗅觉等，视觉是其中最重要的一种方式。俗话说："百闻不如一见"，外界事物的绝大多数信息都是通过视觉获得的，而且视觉感知环境信息的效率很高。相对于其他类型信息(文字、声音等)，视觉信息能够更加形象、逼真地反映这个世界。因此，人们希望计算机能够具有人类的部分视觉功能，帮助甚至代替人眼和大脑对外界事物进行观察和感知，赋予机器视觉是人类多年以来的梦想。随着微电子技术、通信技术和计算机技术的发展，人类可以通过计算机和成像设备对外部图像信息进行获取、处理、分析和模拟。由此，形成了一门新兴的学科——计算机视觉。计算机视觉领域已成为计算机相关研究中的一个活跃的、有潜力的研究领域。在计算机视觉的主要研究中，对视频图像中移动目标的检测、跟踪是一个重要的研究课题，尤其在大型公共场所的安全监控和危险预警方面具有广泛的应用背景。

本章首先介绍视频移动目标跟踪的研究背景及意义；随后给出视频跟踪的研究现状，并介绍当前视频目标跟踪算法的分类和主要技术手段，包括与视频跟踪领域相关的基本概念和方法；最后，在此基础上，总结视频目标跟踪研究中存在的主要问题以及目前的研究发展趋势。

1.1　视频目标跟踪研究的意义及背景

计算机视觉是指使用计算机代替人脑来观察和理解世界，是研究如何使人工系统从图像或多维数据中"感知"的科学，融合了包括视频图像处理、机器学习、人工智能、模式识别等多个领域的研究，吸引了众多国内外学者和研究机构的普遍关注和积极投入。计算机视觉最早是在 20 世纪 50 年代由统计模式识别理论发展起来的，最先主要研究二维图像的分析和识别，如光学字符识别，工件表面、显微图片和航空图片的分析及解释等。1965 年，麻省理工学院的 Roberts 开创了以理解三维场景为目的的三维计算机视觉的研究。20 世纪 70 年代中期，麻省理工学院的人工智能实验室开设了"机器视觉"(Machine Vision)

课程。从20世纪80年代开始，对计算机视觉的研究进入高潮，新的方法和理论不断出现，并进入到实际应用。而计算机工业水平的飞速提高以及人工智能、并行处理和神经元网络等学科的发展，更加促进了计算机视觉理论的实用化。目前，计算机视觉技术正广泛地应用于图像处理、计算几何、机器人学等多个领域中。

典型的计算机视觉系统(Typical Computer Vision System)分为目标检测、目标跟踪、目标识别、目标行为理解与预测四个部分，如图 1.1 所示。目标检测是目标跟踪的基础，目标检测与目标跟踪又是目标识别和目标行为理解与预测的基础。一个成熟的计算机视觉模型至少具有检测、跟踪两个模块，识别模块或行为理解与预测模块并不是必需的。

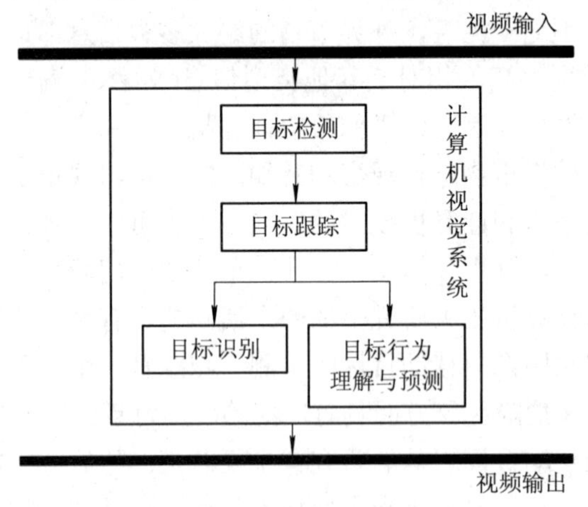

图 1.1　典型的计算机视觉系统

目标检测是计算机视觉领域的关键技术之一，是目标跟踪和行为理解等更高层次研究的基础。目标检测的目的是为了将用户感兴趣的区域准确地从视频序列中抽象出来，并清晰完整地进行描述，以便进行更深层的应用。

目标跟踪是在目标检测基础上进行的，甚至有时将目标检测作为目标跟踪的一部分。一个成熟的目标跟踪系统一定包含目标检测模块和目标跟踪模块。与目标检测一样，目标跟踪同样是计算机视觉领域研究的核心问题，是该领域内诸多其他研究，如目标识别、目标行为分析等的基础。只有准确、稳健、有效地跟踪目标，其他的技术，如行为分析、视频检索、危险预测等才能够进行下去。所谓视频移动目标跟踪，是指对视频图像序列中的特定目标进行检测、提取、识别和跟踪，获得目标的位置参数，如目标质心的位置、速度、加速度，或者目标整体所占的图像区域，或是目标的运动轨迹，等等，从而进行后续深入的处理与分析，以实现对特定目标的行为理解，完成更高级的任务。

目标识别是指将一个特殊目标(或一种类型的目标)从其他目标(或其他类型的目标)中

区分出来的过程。它既包括两个非常相似目标的识别，也包括一种类型的目标同其他类型目标的识别。例如，从交通视频监控场景中寻找指定的车辆、人脸识别、指纹识别、手势识别等。

目标行为理解与预测是指在目标检测和跟踪的基础上对目标行为进行分析，并预测该目标的后续行为。目标行为理解与预测常常用于安保场合，如在地铁站、汽车站等公众场所某时段内忽然聚集了大量人群的危险报警、对手势含义的行为理解等。

1.2　视频目标跟踪的主要应用领域

作为计算机视觉领域里最重要的组成部分，视频移动目标检测与跟踪算法得到越来越多的关注，在军事和民用领域都有非常广泛的应用。在军事上，视频移动目标跟踪技术主要应用于精确制导系统(Precision Guide System，PGS)、战场机器人自主导航、无人机着陆引导、靶场光电跟踪等领域。使用目标跟踪技术可以在线、实时地获得目标的精确位置、面积、运动速度等有效信息，它是军事领域智能化环节中最重要的一环。目标检测与跟踪系统在民用领域的应用更加广泛，典型应用包括以下几个方面。

1. 智能视频监控(Intelligent Monitor System，IMS)

智能视频监控是一种全自动、全天候、实时监控的智能系统。通过在监控系统中增加智能视频分析模块，可自动识别不同物体，用来定位事故现场、判断异常情况，从而发出警报或触发其他动作，有效地进行预警、处理和取证。智能监控系统应用广泛，如银行、商场、工厂企业、大型赛事等对安保产品的需求日益增多。在视频监控领域，固定场景的多目标跟踪是研究的重点，尤其是目标之间的相互遮挡或目标的自遮挡对目标检测和跟踪的准确率造成了严重的负面影响。因此，对解决遮挡问题的研究已成为多目标跟踪的一个非常重要的子领域研究[11]。

2. 智能交通控制(Intelligent Transportation System，ITS)

智能交通控制是一个基于现代电子信息技术的面向交通运输、车辆控制的服务系统。当今社会，随着汽车等交通工具的广泛普及，车辆数量越来越多，从而带来了交通拥堵等新问题。为了有效管理交通流量，智能交通系统越来越受到关注。智能交通控制可以收集、处理、发布、交换、分析、利用交通信息，为交通参与者提供多样性的服务。如可以通过分析摄像头获取的视频信息对交通流量进行控制；可以通过对车辆进行在线、实时的监测和跟踪，获得车辆的速度、车流的密度、道路的堵塞状况、交通事故记录等信息，并可进行违章逃逸车辆追踪、车牌识别、车辆的异常行为分析等。

3．人机交互(Intelligent Human-Computer Interaction，HCI 或 Human-Machine Interaction，HMI)

人机交互是一门研究系统与用户之间的交互关系的学问，具体的应用有手势识别、唇语识别、人体姿势识别、人眼识别等。这些应用需要以视频目标跟踪技术为基础，通过跟踪移动目标并识别它的行为，才能构建语义和计算机指令之间的关系。

4．智能医学诊断(Intelligent Medical Diagnosis，IMD)

智能医学诊断是指目标跟踪技术利用目标在几何上的连续性和时间上的相关性，去掉图像中的噪声，使诊断结果更加准确可靠。目标检测和跟踪技术在超声波和核磁共振序列图像的自动分析中有着重要的应用。

5．智能视频检索(Intelligent Video Retrieval，IVR)

智能视频检索利用人工智能代替人工搜索，为视频分析提供了很大的帮助。它通过选取待搜索目标并提取其特征，能够在图像序列中跟踪选定目标，找到其移动轨迹。

6．视频语义分析(Video Semantic Analysis，VSA)

在视频序列里，同一个移动物体在若干帧之间的关联有自己专属的移动轨迹，该轨迹使其区别于其他移动物体。移动跟踪在计算机图像语义分析的过程中非常重要，如何保持跟踪的正确率，是目前的一个重要研究课题。

此外，视频目标跟踪技术还在视频会议、三维重构等领域具有重要的应用价值。因此，对视频目标检测与跟踪技术的研究具有非常重要的意义。

1.3　相关领域研究现状

视频目标检测是视频目标跟踪的基础，本节主要从视频目标检测和视频目标跟踪这两个方面对目前的研究状况与相关技术进行介绍。

1.3.1　视频目标检测技术

目标检测的目的是将前景(运动目标)从背景中准确地分离出来，背景用来描述一个不包含感兴趣的运动物体的场景。目标检测可以被看做是视频中运动物体研究的基础，对于诸如智能视觉监控系统及其他功能的有效应用发挥着支撑和决定性作用。移动目标检测结果的准确性往往直接影响后续研究的效果。因此，准确的视频移动目标检测技术一直是研究者研究的重要课题之一。通常情况下，移动目标检测并不单独地构成应用，而是作为一个组成部分出现在实际应用中。所以针对移动目标检测结果的具体要求随着应用的改变而有很大的区别。例如，对交通监控场景中车辆的检测与跟踪就和对视频中用户手势或表情的识别有所不同，前者的关键在于如何在复杂的光照变化下有效提取运动物体，而后者的难点在于怎样从躯体大范围的运动背景中将手势或表情的变化进行识别并提取出来。

视频中的移动目标检测是一件非常有挑战性的工作，不同应用场景的需求差异很大。在一个应用中性能很好的算法可能在另一个场景中完全不适用。如在交通视频监控中，由于太阳位置变化和风吹动的云朵导致的阴影变化，能够使道路的亮度不断变化，可能导致将道路检测成移动目标。类似的干扰因素还有很多，主要有移动物体产生的阴影、风吹动的树叶、水面的波纹、摄像机的抖动等。此外，还有其他的干扰因素，如在道路监控中，车辆之间互相遮挡等现象。当然这些困难也并不总是存在，如室内视频监视就没有大尺度光照变化的问题；也有些应用中不需要考虑这些问题，如在视频编码中阴影、水波等需要一同视为运动物体，并不能被忽略。由此可见，使用单一的目标检测技术应对所有的应用场合是很困难的。学者们在该领域做了大量的研究工作，相关的算法技术不断涌现。目前，常见的视频移动目标检测算法主要分为帧差法、光流法和背景差法三类。

1．帧差法(帧间差分法)

摄像机采集的视频序列具有连续性的特点，如果场景内没有运动目标，则连续帧的变化很微弱；如果存在运动目标，则连续的帧和帧之间会有明显的变化。帧间差分法(Temporal Difference)就是借鉴了上述思想。由于场景中的目标在运动，目标的影像在不同图像帧中的位置就相应不同。该类算法对时间上连续的两帧或三帧图像进行差分运算，不同帧对应的像素点相减，判断灰度差的绝对值，当绝对值超过一定阈值时，即可判断为运动目标，从而实现目标的检测功能。

1) *两帧差分法*(Two Frames Difference Method)

两帧差分法的运算过程如图 1.2 所示。

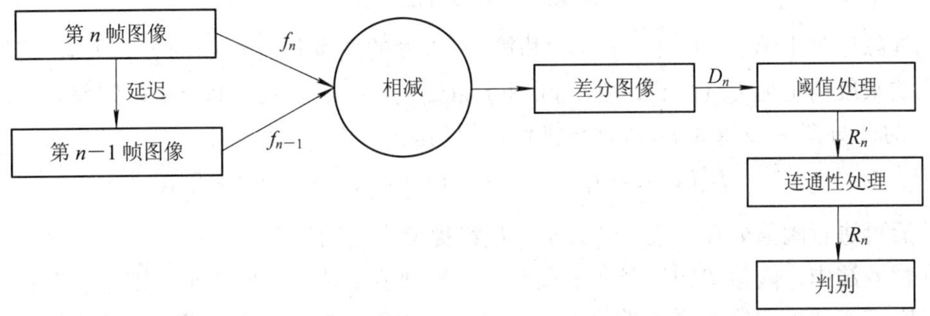

图 1.2　两帧差分法示意图

记视频序列中第 n 帧和第 $n-1$ 帧图像为 f_n 和 f_{n-1}，两帧对应像素点的灰度值记为 $f_n(x，y)$ 和 $f_{n-1}(x，y)$，将两帧图像对应像素点的灰度值进行相减，并取其绝对值，得到差分图像 D_n：

$$D_n(x，y)=|f_n(x，y)-f_{n-1}(x，y)| \tag{1.1}$$

设定阈值 T，对像素点逐个进行二值化处理，得到二值化图像 R'_n：

$$R'_n(x,y)=\begin{cases}255, & D_n(x,y)>T \\ 0, & \text{其他}\end{cases} \tag{1.2}$$

其中，灰度值为 255 的点即为前景(运动目标)点，灰度值为 0 的点即为背景点；对图像 R'_n 进行连通性分析，最终可得到含有完整运动目标的图像 R_n。

2) *三帧差分法*(Three Frames Difference Method)

两帧差分法适用于目标运动较为缓慢的场景。当目标运动较快时，由于目标在相邻帧图像上的位置相差较大，两帧图像相减后并不能得到完整的运动目标，因此研究者在两帧差分法的基础上提出了三帧差分法，其运算过程如图 1.3 所示。

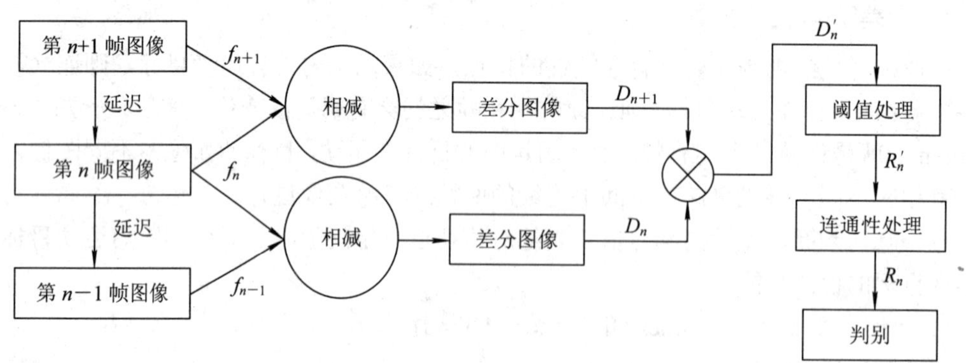

图 1.3　三帧差分法示意图

记视频序列中第 $n+1$ 帧、第 n 帧和第 $n-1$ 帧的图像分别为 f_{n+1}、f_n 和 f_{n-1}，三帧对应像素点的灰度值记为 $f_{n+1}(x, y)$、$f_n(x, y)$ 和 $f_{n-1}(x, y)$，按照公式(1.1)分别得到差分图像 D_{n+1} 和 D_n。对差分图像 D_{n+1} 和 D_n 进行与操作，得到图像 D'_n：

$$D'_n(x,y)=|f_{n+1}(x,y)-f_n(x,y)|\cap|-f_n(x,y)-f_{n-1}(x,y)| \tag{1.3}$$

然后再进行阈值处理、连通性分析，最终提取出运动目标。

在帧差法中，阈值 T 的选择非常重要。如果阈值 T 选取的值太小，则无法抑制差分图像中的噪声；如果阈值 T 选取的值太大，又有可能掩盖差分图像中目标的部分信息，而且固定的阈值 T 无法适应场景中光线变化等情况。为此，有人提出了在判决条件中加入对整

体光照敏感的添加项的方法，将判决条件修改为

$$\operatorname*{Max}_{(x,y)\in A} |f_n(x,y)-f_{n-1}(x,y)| > T + \tau \frac{1}{N_A} \sum_{(x,y)\in A} |f_n(x,y)-f_{n-1}(x,y)| \tag{1.4}$$

其中，N_A 为待检测区域中像素的总数目；τ 为光照的抑制系数；A 为一帧完整图像。添加项 $\sum_{(x,y)\in A} |f_n(x,y)-f_{n-1}(x,y)|$ 表示 A 中光照的变化情况。如果场景中的光照变化较小，则该项的值趋向于零；如果场景中的光照变化明显，则该项数值明显增大，导致式(1.4)右侧判决条件自适应地增大，最终的判决结果为没有运动目标，这样就有效地抑制了光线变化对运动目标检测结果的影响。

帧差法在视频移动目标检测中应用广泛，适用于背景固定不变的情况。帧差法更新速度快、计算量小，能够快速检测出场景中的运动目标，但是对环境噪声较为敏感的同时，此算法对于比较大的、颜色一致的运动目标，有可能在目标内部产生空洞，无法完整地提取运动目标。阈值的选择也很关键，若选择过低不足以抑制图像中的噪声，若过高则丢失图像中有用的变化。故帧间差分法通常不单独用在目标检测中，往往与其他的检测算法结合使用。

2．光流法

光流法是由 Gibson 在 1950 年提出的，它利用光流方程计算出每个像素点的运动状态矢量，将具有相同光流向量的区域看做一个运动目标，进而对这些像素点进行跟踪。通俗地说，光流就是我们在这个运动的世界里感觉到的明显的视觉运动。例如，当我们坐在火车上往窗外看时，可以看到树、地面、建筑，等等，都在往后移动。这个运动就是光流。而且，我们可以通过不同目标的运动速度判断它们与我们的距离。一些比较远的目标，例如云和山，它们移动得很慢，感觉就像静止一样。但一些离得比较近的物体，例如建筑和树，就比较快地往后移动，距离越近，速度越快。一些离得非常近的物体，例如路面的标记、草地等，快到好像在我们耳旁发出“嗖嗖”的声音。光流除了提供远近信息外，还可以提供角度信息。与人类视线成 90° 方向运动的物体速度要比其他角度的快，与人类视线成 0° 运动的物体，感觉上是物体朝着我们的方向直接撞过来，我们就感受不到它的运动(光流)了，看起来好像是静止的。当它离我们越近，就越来越大。

光流法是空间运动物体在观察成像平面上的像素运动的瞬时速度，是利用图像序列中像素在时间域上的变化以及相邻帧之间的相关性来找到上一帧跟当前帧之间存在的对应关系，从而计算出相邻帧之间物体的运动信息的一种方法。一般而言，光流是由于场景中前景目标本身的移动、相机的运动，或者两者的共同运动所产生的。在一个图片序列

中，把每张图像中每个像素的运动速度和运动方向找出来就是光流场。第 t 帧的时候 A 点的位置是(x_1, y_1)，在第 $t+1$ 帧的时候再找到 A 点，假如它的位置是(x_2, y_2)，则 A 点的运动是：

$$(u_x, v_y) = (x_2, y_2) - (x_1, y_1)$$

那么如何计算第 $t+1$ 帧的时候 A 点的位置呢？这就存在很多的光流计算方法了。1981 年，Horn 和 Schunck 创造性地将二维速度场与灰度相联系，引入光流约束方程，得到光流计算的基本算法。人们基于不同的理论基础提出各种光流计算方法，算法性能各有不同。Barron 等人对多种光流计算技术进行了总结，按照理论基础与数学方法的区别把它们分成四种：基于梯度的方法、基于匹配的方法、基于能量的方法和基于相位的方法。近年来，神经动力学方法也颇受学者重视。

因此，光流法在适当的平滑性约束条件下，主要根据图像序列的时空梯度估算运动场，通过分析运动场的变化对运动目标和场景进行检测与分割。我们也可以把光流法分为基于全局光流场和基于特征点光流场两种方法。全局光流场通过比较运动目标与背景之间的运动差异对运动目标进行光流分割，缺点是计算量大。特征点光流场通过特征来匹配计算特征点处的流速，其比全局光流场算法计算量小，但是却很难精确地提取运动目标的形状。光流法的优点是可以有效地在摄像机运动的情况下检测出运动目标，并且能够同时完成运动目标检测和跟踪。而且，光流法不需要预先知道场景的任何信息，就能够检测到运动。光流法的缺点是计算复杂度高，很难达到实时检测；容易受到噪声、光照变化和背景扰动的影响，抗噪性低；很难将运动目标的轮廓完整地提取出来。

3．背景差法(Three Stages of the Background Difference Method)

背景差法首先对视频流中的图像序列进行背景建模，得到场景中的背景图，然后利用当前帧与背景图像的差获得前景图(移动目标)。这种基于背景重建的目标检测方法一般分为三个阶段：背景模型建立、运动检测和背景模型更新，如图 1.4 所示。

图 1.4　背景差法的三个阶段

背景模型建立是首先对若干视频图像序列进行训练，然后提取当前视频场景背景的特征，并将背景的特征用数学模型表达出来。运动检测是将当前帧与背景模型进行比较，差异较大的点视为运动的点。背景模型更新是根据视频图像变化情况对背景模型进行不断调整，使建立的背景模型能够适应光照变化、图像噪声等带来的干扰。背景差法的性能依赖于所使用的背景建模技术。传统的背景建模方法(Traditional Background Modeling Method)有均值背景建模方法、中值背景建模方法、卡尔曼滤波建模方法、单高斯背景建模方法、混合高斯背景建模方法、基于核密度估计的背景建模方法和码本背景建模方法等。传统的背景建模方法及其使用的主要技术手段见表 1.1。

表 1.1　传统的背景建模方法及主要技术手段

传统的背景建模方法	主要技术手段
均值背景建模方法	对一些连续帧取像素平均值
中值背景建模方法	在一段时间内，将连续 N 帧图像序列中对应位置的像素点灰度值按从小到大排列，然后取中间值作为背景图像中对应像素点的灰度值
卡尔曼滤波建模方法	该算法把背景认为是一种稳态的系统，把前景图像认为是一种噪声，用基于卡尔曼滤波理论的时域递归低通滤波来预测变化缓慢的背景图像
单高斯背景建模方法	将图像中每一个像素点的灰度值看成是一个随机过程 X,并假设该点的某一像素灰度值出现的概率服从高斯分布
混合高斯背景建模方法	将背景图像的每一个像素点按多个高斯分布的叠加来建模，每种高斯分布可以表示一种背景场景，多个高斯模型混合使用来模拟出复杂场景中的多模态情形
基于核密度估计的背景建模方法	基于概率论中的核密度估计理论
码本背景建模方法	根据像素点的连续采样值的颜色失真程度及其亮度范围，将背景像素用码本表示，然后利用背景差分法思想对新输入像素值与其对应码本进行比较判断，从而提取出前景目标像素

一些学者对上述常见的一些背景建模方法进行了对比实验。通过实验发现：复杂的背景建模算法的移动目标检测效果较好，但其时间复杂性和空间复杂性较高；简单的背景建模方法时间复杂性和空间复杂性较低，但其检测效果却不能令人满意。背景差法的优点是能有效完整地分割出运动目标；缺点是对变化速度较快的背景，使用起来效果不够理想。本书第 2 章研究的目标检测方法就属于背景差法范畴。

表 1.2 对常见的视频移动目标检测方法的优缺点进行了总结。此外，除了上述较为常

用的运动目标检测方法之外，还有一些其他的视频移动目标检测方法，主要有基于人工神经网络的方法、基于主动轮廓模型的方法和基于小波变换的方法。

表 1.2　常见的视频移动目标检测方法优缺点

	优　点	缺　点
帧差法	计算复杂性低，适用于动态背景	容易出现空洞现象 受目标速度快慢影响较大 难以完整地提取目标轮廓
光流法	适用于摄像机运动的情况 能够同时进行目标检测和跟踪	计算复杂性高 抗噪性弱，容易受到光照变化、背景扰动等干扰 很难完整地检测目标
背景差法	抗噪性强 能有效完整地分割出移动目标	不适用于背景变化较快的情况 计算复杂性与背景建模方法有关

1.3.2　视频目标跟踪技术

目标跟踪的概念最早由 Wax 在 1955 年提出。1960 年，Kalman 提出了著名的卡尔曼滤波算法。1964 年，Sittler 提出贝叶斯理论，即利用目标点轨迹和目标运动路径最优数据关联改进目标跟踪算法。视频目标跟踪问题随着计算机视觉技术的发展而逐渐成为研究热点。在 20 世纪 80 年代以前，由于计算机技术与视觉技术发展有限，计算机图像的处理主要以静态图像为主，在动态图像列的分析中，对运动目标的跟踪带有很强的静态图像分析的特点。20 世纪 80 年代初，光流法被提出之后，动态图像序列分析进入了一个研究的高潮。其中对光流法的研究热潮从其产生一直持续到了 20 世纪 90 年代中期。除了光流法之外，还出现了其他众多的视觉跟踪算法。

根据研究角度的不同，目标跟踪问题有不同的分类方法。

(1) 从目标数量的角度分类，可以将目标跟踪分为单目标跟踪和多目标跟踪。单目标跟踪是指对单个移动物体的跟踪。单目标跟踪并不是一个简单的问题，首先从场景中完整准确地检测和提取运动目标就比较困难，会受到背景变换、光线、噪声的多重影响。多目标跟踪要比单目标跟踪更加困难，在多目标跟踪过程中，必须考虑到多个目标在场景中会互相遮挡、合并、分离等情况，这也是多目标跟踪问题的难点。

(2) 从目标性质的角度分类，可以将目标跟踪分为刚体跟踪和非刚体跟踪。刚体跟踪是指在跟踪过程中目标形状基本不变，或者只有尺度、旋转等简单变化，如交通监控中的车辆跟踪。非刚体跟踪是指跟踪过程中目标形态有比较复杂的变化，如行走的人的跟踪。

(3) 从目标特征的角度分类，可以将目标跟踪分为基于特征的跟踪、基于模型的跟踪、基于区域的跟踪和基于轮廓模型的跟踪。

① 基于特征的跟踪方法对目标部分遮挡的运动跟踪有一定的作用，是指根据运动目标的特征在视频图像中搜索匹配目标，进而跟踪移动目标。基于特征的跟踪方法的主要步骤为特征提取、特征匹配和目标跟踪。首先，从图像序列中提取较为显著的特征，如边缘、颜色等；然后，对特征点进行匹配。特征匹配主要有结构匹配、树搜索匹配以及假设检验匹配等。当目标发生缩放、旋转时，有些特征会产生变化，影响到跟踪效果。其中，有学者提出的 SIFT 特征有着很好的尺度、旋转不变性，对目标跟踪起到了很好的效果。本书第 3 章的视频移动目标跟踪方法就属于基于特征的方法范畴。

② 基于模型的跟踪方法通过对移动目标建立模型，然后在下一帧中进行移动目标匹配，并且实时地进行模型更新。常用的目标表示模型主要有线图模型、二维模型、三维模型等。基于模型的跟踪方法能获得更多的行为分析目标数据信息，可以处理遮挡问题。但是在多目标情况下进行精确建模十分困难，运算量较大，通常难以实现运动目标的实时跟踪。

③ 基于区域的跟踪方法是建立一个表示目标区域的模板，然后计算目标模板和候选目标区域的相似度，从而确定当前帧运动目标最可能的位置。目标模板可以人为指定，也可以通过目标检测方法从图像中自动获得。这种跟踪方法有基于颜色的相似度测量跟踪算法，如 Mean Shift 算法和 Camshift 算法。该类方法跟踪效果比较准确，但当有较大的遮挡发生或者运动目标发生形变时，跟踪效果较差。

④ 基于轮廓模型的跟踪需要由用户给定在第一帧中目标轮廓的大致位置，然后根据微分方程递归地求解，使轮廓最终收敛到能量函数的局部极小值。其中，能量函数的构造通常是根据图像的特征和轮廓的光滑度，如边缘、线以及曲率等，常用的有 Snake 算法等。基于轮廓模型的跟踪方法可以有效地跟踪形变的目标，但通常只用于进行单个目标的跟踪。有学者采用基于水平集的主动轮廓模型来进行多目标跟踪，这种基于主动轮廓模型的方法计算复杂度较低，但是由于需要首先解决如何初始化轮廓的问题，所以该算法不能对运动速度较快的目标进行快速跟踪。

表 1.3 列出了常见目标跟踪方法的优缺点(Advantages and Disadvantages of Target Tracking Methods)。由于实际视频图像内容变化复杂，内容之间差异很大，遮挡、目标旋转、形变等情况常常发生，现有的目标跟踪方法在鲁棒性、准确性方面还有很大的提升空间。

表 1.3　常见目标跟踪方法优缺点

	优　点	缺　点
基于特征的跟踪方法	对于有遮挡发生的跟踪有一定作用	特征选取的好坏影响跟踪效果
基于模型的跟踪方法	适用于有遮挡发生的情况	建模困难 运算量大 难以实时跟踪
基于区域的跟踪方法	跟踪效果比较准确	有较大的遮挡发生或者运动目标的形变时，跟踪效果较差
基于主动轮廓模型的跟踪方法	有效地跟踪形变的目标 计算复杂度较低	需要首先初始化轮廓 对速度较快的目标跟踪效果不理想

由于分类方法众多，造成了一些困扰，人们开始寻求统一的一个分类方法。Yilmaz 等人提出的分类方法得到大家的一致认可，即根据目标跟踪算法中描述目标的信息类型(点、线、面)将目标跟踪算法分为基于点的跟踪(点跟踪)、基于线的跟踪(轮廓跟踪)和基于面的跟踪(核跟踪)。基于点的跟踪方法是指使用目标区域中具有一定属性的点集来描述目标，通过检测并关联相邻两帧图像中的点集状态来跟踪目标，这个目标状态可以包括目标位置和目标运动模式。基于点的跟踪方法大致可以分为确定性跟踪和概率性跟踪。基于线的跟踪方法是指使用目标区域的边缘或轮廓信息来描述目标，这些信息可以是外观密度或形状模型，然后使用形状匹配或轮廓演化来跟踪目标。基于面的跟踪方法是指使用目标整个区域的外观信息来描述目标，然后通过动态模型、最优搜索准则或者分类识别算法等实现目标跟踪。大部分对目标进行跟踪的方法都是基于目标外观的基础上进行的。本书研究类型也是属于基于面的跟踪。基于面的目标跟踪算法大致分为两大类，即生成模型法和判别模型法。

(1) 生成模型法是先构建一个自适应模型，然后通过此模型按照某种相似性测度去搜索图像区域。生成模型法中涌现了许多经典的跟踪方法，有基于均值漂移的视觉目标跟踪算法、基于高斯混合模型的视觉目标跟踪算法、基于子空间学习的视觉目标跟踪算法和基于贝叶斯推理的粒子滤波的视觉目标跟踪算法。这些方法是许多后续研究的基础，并且研究人员进行了改进。

(2) 判别模型法将目标跟踪问题看成一个二进制分类问题，寻找不同类别之间的最优分类面和判决函数。判别模型法的重点在于设计用来匹配目标的分类器，分类器性能的好坏直接决定了目标跟踪器性能的优劣。本书第 3 章的目标跟踪方法就属于判别模型范畴。

视频移动目标跟踪的具体应用是很多高等学校、科研院所以及科技公司都非常重视的研究。在 20 世纪早期，美国国防高级研究项目署(Def Advanced Research Projection Agency，DARPA)联合美国卡内基梅隆大学和其国内十几所高校设立的 VSAM(Video Surveillance And Monitoring)项目和 AVS (Airborne Video Surveillance)项目用于国防和民用领域。近些年，DARPA 又启动了 HID (Human Identification at a Distance)，计划在军用、民用场合应对恐怖袭击活动，HID 可以对人进行远距离检测、跟踪和步态识别。美国马里兰大学的 W4(Who? When? Where? What?)系统在定位和跟踪多个行人的同时，还可以对行人的一些简单行为进行检测，它可以定位分割出人的身体部分，对多个人体目标进行跟踪。英国雷丁大学的 Pfinder 行人跟踪系统使用了颜色和形状的多级静态模型，能够在复杂的静态背景下实现对行人的精确定位。日本的 CDVP(The Cooperative Distributed Vision Project)计划应用于公共场所及智能小区安全监控。S3 (Smart Surveillance System)是 IBM 研究院研究的商业化产品。该系统成功地应用到了北京奥运会的安保工作中。S3 可以对视频中的运动物体进行检测、跟踪、分类和识别，同时产生元数据，捕捉物体的轨迹、颜色、形状、大小、类别和身份，供用户使用。此外，还有一些重要的应用，如 ADVISOR(Annotated Digital Video for Intelligent Surveillance and Optimized Retrieval)等。

国内在这一领域起步较晚，但发展较快。迄今为止，有许多高校和研究机构进行了视频目标跟踪的研究，如清华大学、浙江大学、中国科学院自动化研究所、上海交通大学、吉林大学、大连理工大学等，在国际重要期刊和会议上发表了大量的学术论文。其中，中国科学院自动化研究所模式识别国家重点实验室的谭铁牛教授带领的生物特征信息处理研究组成果比较突出，开发了交通监控 VStar(Visual Surveillance Star)原型系统。国内从事视频移动跟踪技术开发的科技公司也有很多，其中比较有名的有海康威视等。

纵观目前国内外对视频移动目标检测和跟踪所做的研究工作，主要集中在目标检测、目标跟踪、行为分析、视频检索等核心技术方面。在目标检测和目标跟踪过程中，受到各种复杂背景变化的影响和运动物体本身变化的影响，视频移动目标的检测和跟踪依然充满挑战和进步空间。因此，设计一个可以适应各种复杂的场景变化，从而准确、实时地检测和跟踪运动目标的算法是具有挑战性的课题。

1.4　视频移动跟踪过程中存在的难点问题

在实际应用中，由于视频内容种类繁多，拍摄的环境、场景不同，视频数据获取的设备参数有差异，以及移动目标跟踪的目的需求各异等诸多因素存在，现有的视频跟踪算法大多有自己的擅长领域。设计一种稳健的、准确率高的、实时的视频目标跟踪算法依然是一个充满挑战的工作。视频多目标检测和跟踪之所以成为计算机视觉领域的难点，是因为多目标检测和跟踪过程中主要存在以下几个方面的问题。

1. 背景未知和背景复杂

对目标检测的准确性直接影响对目标特征描述的准确性，进而直接影响跟踪效果。目前，大多数视频多目标检测算法依赖已知背景进行前景检测。当背景未知的情况下，如何准确地将前景目标从背景中完整、准确地分割出来成为一项关键的研究内容。

此外，视频场景的复杂程度会对目标跟踪效果造成一定影响，如目标拥挤的场景比目标稀疏的场景进行目标跟踪困难得多。造成背景复杂的因素主要有以下几种：

(1) 光照条件变化，阴影变化。光照和阴影变化导致背景发生变化，如果使用固定的描述子对背景进行建模，当背景发生变化时，就会将背景的一部分或者全部错认成前景目标，进而对跟踪造成影响。

(2) 背景中移动物体间的干扰。场景中移动目标过多导致部分背景缺失。

(3) 背景中含有与移动目标特征相似的物体。当移动目标经过背景中相似物体时，会对移动目标的特征提取造成困扰，进而影响跟踪。

(4) 背景包含内容物的变化，包括新进入的物体成为背景或者部分背景物体离开都会导致背景改变。

因此，能有效地把目标从杂乱无章的背景中分离出来是视觉目标跟踪领域值得研究的关键问题。如何减少背景复杂对视频多目标跟踪过程的干扰是本书第 2 章重点研究的问题。

2. 被遮挡和自遮挡

在跟踪过程中，遮挡现象经常发生，是一种普遍却又很难处理的问题，给视频目标跟踪造成很大困扰。遮挡可以分为被其他目标或者背景元素所遮挡和自遮挡两种情况。当目标被遮挡后，计算机只能获取目标的部分或局部信息，从而影响跟踪效果的准确性。自遮挡指的是目标被自己所遮挡。由于视频图像是现实三维世界向二维空间的投影，在投影过程中，损失了大量的特征信息。当被跟踪目标发生大幅度动作或姿态变化导致非线性形变时就会产生自遮挡，也会导致损失跟踪目标的部分特征信息，造成目标特征信息的逐渐丢失。因此，解决遮挡问题是视频多目标跟踪过程中遇到的重要问题之一，也是本书第 3 章重点研究的问题。

3. 多目标跟踪实时性

一个具有现实应用价值的视频多目标跟踪算法除了满足准确率高、资源占用率等特点外，还必须满足实时性要求。随着图像获取设备的硬件发展，待处理视频信息体积越来越大，视频多目标跟踪算法在进行运算时其时间复杂度和空间复杂度与视频图像的体积是正相关的。要设计一个在线实时的、准确的、稳健的视觉目标跟踪系统是当前研究的热点，同样也是本书第 4 章研究的一个关键环节。

1.5　本书的主要工作与结构

本书针对当前多目标检测和跟踪过程中严重影响检测和跟踪效果的背景未知、背景复杂、目标遮挡，旋转、变形等问题，提出了一种建立背景的方法和多目标跟踪的方法，该方法能够准确、稳健地进行目标跟踪。同时，设计一种分布式跟踪方法，以保证跟踪的实时性。图 1.5 展示了本书工作的主要内容。

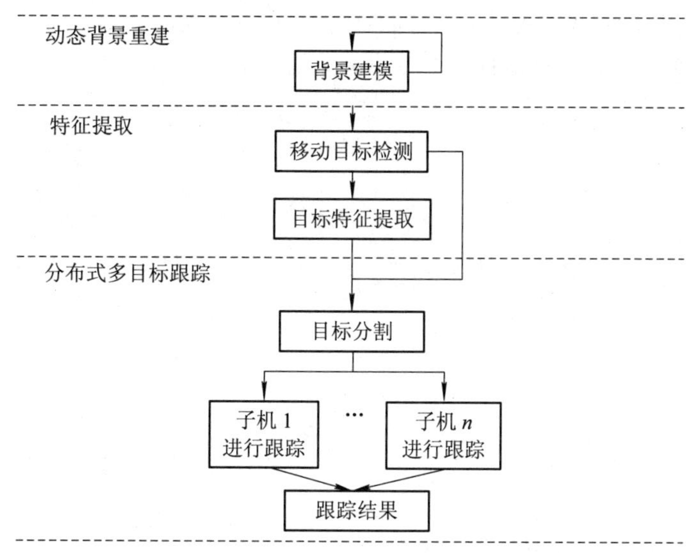

图 1.5　主要工作内容

如图 1.5 所示，本书主要分为三个部分，分别是动态背景重建部分、特征提取部分和多目标跟踪部分。动态背景重建模块主要是在视频进行过程中对视频背景进行建模并动态更新，建立的背景模型用于后续的视频移动目标的检测与跟踪，是目标检测与跟踪的基础。特征提取模块结合背景对前景目标进行检测以提取前景目标的特征并进行分析，特征选取完成后可以直接进行视频移动目标跟踪，也可以利用分布式多目标跟踪模块中的技术进行分布式的视频多目标跟踪。三个模块的具体技术内容详见本书的第 2 章、第 3 章和第 4 章。

本书共分为五章。

第 1 章为相关基础和理论知识，主要介绍视频多目标跟踪技术研究的相关背景，以及多目标跟踪技术研究的研究意义，并简述视频多目标技术在国内外的研究现状和当前视频多目标跟踪技术面临的问题与挑战。

第 2 章对视频背景重建方法进行研究，为第 3 章和第 4 章的研究工作提供前期基础。本章针对视频中背景复杂、亮度变化、摄像机抖动等影响目标检测与跟踪的若干问题，重点提出一种结合目标方向的动态的背景重建方法，并通过重建的背景检测出前景，结合运动特征进行移动目标检测和简单的跟踪。

第 3 章对包含目标拓扑特征在内的多特征融合的视频多目标跟踪方法进行研究。针对影响多目标跟踪效果的遮挡、目标旋转，形变等问题，研究在前景的诸多特征中提出或选取若干特征描述子对目标进行描述并匹配，最终设计出一种适应性广、准确率高的多目标跟踪方法。

第 4 章提出一种分布式的视频多目标跟踪方法，并通过实验对该方法的正确性进行验证。

第 5 章对全文进行总结和概括，并提出未来可能的研究方向。

第 2 章　基于背景重建的移动目标检测

本章首先对视频移动目标检测的现有技术进行介绍，然后研究基于方向的背景建模方法，在建立的背景模型基础上结合目标移动特征进行目标检测和跟踪，力求克服背景复杂、成像设备抖动、亮度变化等因素造成的不利影响，并在室内场景和室外场景两种不同的环境条件下，对所提出的方法进行验证。

2.1　基于背景差法的移动目标检测技术

在视频跟踪过程中，背景复杂是对目标检测与跟踪效果影响较大的重要因素之一。与帧差法和光流法相比，背景差法抗干扰能力强，能有效完整地分割出运动目标。由于背景差法的计算速度与背景建模方法的计算速度正相关，因此设计一种计算速度快的视频背景建模方法在视频移动目标检测与跟踪过程中是非常必要的。在目标检测的研究过程中，许多学者对背景差法进行了研究和改进。

文献[3]利用最小、最大强度值和最大时间差分值为每个像素建模，并且对背景进行周期性的更新。文献[4]利用单一的高斯模型对背景进行建模，并且对背景进行变化检测。文献[5]用高斯模型进行运动估计，将背景和前景动态分层，然后在每一层上跟踪运动目标。文献[6]用隐马尔可夫模型(Hidden Markov Model)对交通监控中的车辆进行建模，将图像分为车辆、车辆阴影及背景三类区域。文献[7]提出了一种非参数的核密度估计技术，分别对前景和背景进行建模，能够在复杂的场景下检测人群。文献[8]采用卡尔曼滤波理论对背景进行建模，并不断地预测和更新。文献[9]对图像中每个像素进行背景多假设建模，然后通过邻域像素的光流信息来估计，对每个假设进行最终的判定，确定背景像素。以上背景差法主要解决由于光照变化等原因引起的背景变化，这种变化在直方图中会显示单峰的特点。对于背景存在树叶等植物被风吹动、水面波纹等周期性运动时，直方图会显示出非单峰特点，这时单一模型的自适应背景建模将不能描述背景像素点的分布。文献[10]提出的混合高斯模型解决了这个问题。该模型用多个高斯模型去近似像素点，这些模型中包含前景和背景，并根据一定的准则选择一个子集作为背景模型。Powe 等人在文献[11]中详细讨论了混合高斯模型，并对模型中的每个参数的选择及更新提出了很好的建议。以上构建自适应背景模型的目标检测方法对于光线缓慢变化、背景存在扰动干扰等复杂场景的目标检测具有很强的鲁棒性，但对于光线快速变化场景的目标检测缺乏实时性，通常需要一定的调整时间。文献[12]提出将背景差法与帧差法结合起来，赋予不同的权重系数，可以解决光照变化或前景色与背景色相近等复杂问题。

为了降低光线缓慢变化、背景存在扰动等复杂干扰情况对目标检测与跟踪效果的影响，本章拟提出一种基于背景重建的视频目标检测和跟踪方法。该方法结合目标模糊的移动方向信息的、动态的对背景进行建模，能够在计算速度较快的情况下达到较好的检测和跟踪效果。

2.2　结合目标方向的背景重建方法

结合目标方向的背景建模过程(Background modeling with target directions)主要包含三个部分，分别是视频图像预处理、目标方向模糊判断和视频背景动态建模，如图 2.1 所示。首先，对初始视频图像进行预处理，消除其由于亮度变化、摄像机抖动等干扰造成的影响。然后，提取其具有连续间隔的三帧图像，利用三帧差法提取前景目标。由于三帧差法的局限性，此时提取的前景目标往往并不能包含实际前景目标的所有像素，因此也叫做伪前景目标。之后，利用伪前景目标对目标运动方向进行模糊分析，将该方向与原始图像结合，找到背景碎片，并逐渐拼接成完整背景，不断进行背景更新。最后，在建立的新背景基础上，进行目标检测与跟踪。

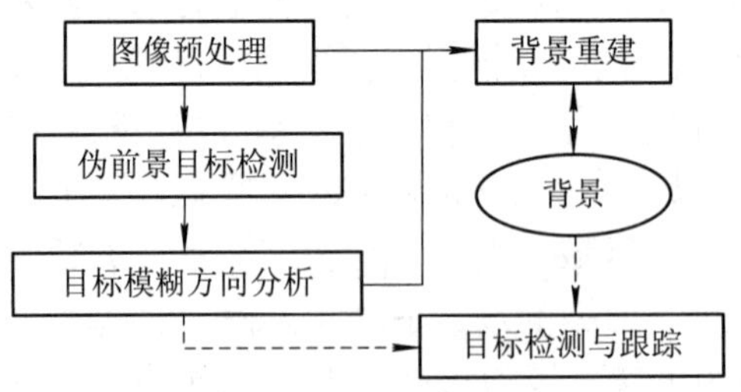

图 2.1　结合目标方向的背景建模过程

2.2.1　视频图像预处理

对初始视频图像进行预处理，目的是消除其由于亮度变化、摄像机抖动等干扰造成的影响。下式给出了给定区域 x 的基本位移 $M_h(x)$，T 是由经验给出的阈值。

$$M_h(x) = \sum_{x_i \in S_h} \frac{x_i - x}{T} \tag{2.1}$$

在公式(2.1)中，$S_h(x)$的定义由下式给出，它代表包含移动目标 h 的显示区域。这样，计算出来的 $M_h(x)$可以有效地规避由于帧的整体偏差(由于光照或其他因素导致的帧的亮度或色度等整体变化)所导致的跟踪错误。

$$S_n(x) := \left\{ y \mid \frac{\| y - x \|^2}{h^2} \le 1 \right\} \tag{2.2}$$

2.2.2　基于三差帧法的目标移动模糊方向分析

通常情况下，三帧差法用于提取移动目标的大概位置。具体的提取方法如下：首先获取视频图像序列中连续的三帧图像；然后分别计算相邻两帧的差分图像；之后将得到的差分图像通过选取适当的阈值进行二值化处理，从而得到二值化图像；最后对每一个像素点得到的二值图像进行逻辑与运算，获取共同部分作为运动目标的轮廓信息。简而言之，就是提取三帧中都存在差异性的部分作为移动目标的轮廓。

在本节中，创造性地使用三帧差法来提取背景。但是事实上，无法直接使用基本的三帧差法提取整体背景(详见定理 2.1 的证明)。因此，本节提出一种结合三帧差法的动态背景拼接方法。

定理 2.1　命题 F：$\{\forall x \forall y M_i(x, y) \wedge M_{i+1}(x, y) \wedge M_{i+2}(x, y) \rightarrow B_i(x, y)\}$在任何赋值情况下都不是永真式。

证明：为了证明命题 F 不是永真式，需要以下式为附加前提对其后续结论进行逻辑推理，由其直接的逻辑推理结果可证定理 2.1。

$$\exists x \exists y M_i(x, y) \wedge M_{i+1}(x, y) \wedge M_{i+2}(x, y) \rightarrow \neg B_i(x, y) \tag{2.3}$$

公式(2.3)的前件为$\exists x \exists y M_i(x, y) \wedge M_{i+1}(x, y) \wedge M_{i+2}(x, y)$，后件为$\neg B_i(x, y)$。其表达的含义为：存在这样的点$(x, y)$，使该点同时在两个相邻的帧差中均为 0 且不是背景点。公式(2.3)的正确性显然可由如下情况得知：若移动物体在连续的三帧中没有完全移出连续三帧中第一帧的范围，则移动物体在三帧中的交集中所有的点均永真公式(2.3)。

若公式(2.3)被弄真，则显然在使公式(2.3)弄真的指派中有点(a, b)使 $M_i(a, b) = M_{i+1}(a, b) = M_{i+2}(a, b) = \neg B_i(a, b) = 1$，故公式(2.3)为逻辑真，从而命题 F 为逻辑假。

定理 2.1 得证，证毕。

定理 2.1 可以证明基本的三帧差法无法提取整体背景。为了形式化地证明定理 2.1，引入了下式。一般地，假定移动目标中所有像素点的灰度是接近相同的。

$$X_i(x, y) := \{d(x, y) | d(x, y)\text{是第 } i \text{ 帧中点}(x, y)\text{的灰度}\} \tag{2.4}$$

$$G_{a, b}(x, y) = |x_a(x, y) - x_b(x, y)| \tag{2.5}$$

$$B_i(x,y) := \begin{cases} 1, & \text{若}(x,y)\text{为第 } i \text{ 帧的背景点} \\ 0, & \text{其他} \end{cases} \tag{2.6}$$

$$M_i(x,y) := \begin{cases} 1, & \text{若} G_{i,i+1}(x,y) < T \\ 0, & \text{其他} \end{cases} \tag{2.7}$$

由定理 2.1 可知，不能直接使用三帧差法提取完整背景。但是考虑到三帧差法可以部分地标明移动目标所在区域，因此本章提出一种结合帧差(移动物体)的移动方向的三帧差法提取背景。

目标移动方向是视频中能够找到的重要信息之一。一般来说，在若干连续的帧中，移动目标不会频繁地改变方向，甚至很多时候，移动目标的方向是没有变化的。那么，当移动目标方向未发生改变的移动过程中，其“身后”显露出来的部分往往就是背景，也是希望还原的部分。

由于很多常见的监控视频的帧频在 25 帧/秒左右，甚至更高。考虑到到大多数移动物体的移动速度有限，视频中连续帧之间的差异实际上是很小的。因此，本章选取了具有固定 N 间隔的帧进行背景重建。通过实验发现，选取 5 间隔的连续多帧进行背景重建时对帧频为 25 帧/秒的视频具有较好效果。

算法 2.1 对移动目标的方向进行提取。首先，选取固定间隔 $\Delta t = 5$ 的三帧 $I_{t-\Delta t}$，I_t，$I_{t+\Delta t}$ 参与运算。然后，利用帧间差分方法将变化的部分分离出来，此时，它们是若干个大的连通区域。对其进行二值化(T 为灰度阈值)和形态去噪后，如果只有一个大连通区，移动目标一般就是一个；否则，利用就近原则进行目标匹配(S 为距离阈值)。最后，利用匹配结果进行方向计算，最终的方向按照人类常规认知分成上、下、左、右四个方向。

算法 2.1　移动目标方向提取算法

输入：具有固定时间间隔 Δt 的三帧 $I_{t-\Delta t}$，I_t 和 $I_{t+\Delta t}$。

输出：在 I_t 帧移动目标的方向。

步骤 1：将三帧图像灰度化。

步骤 2：利用下式计算 $I_{t-\Delta t}$ 和 I_t 的灰度差 $f_t^M(x,y)$ 以及 $I_{t-\Delta t}$ 和 $I_{t+\Delta t}$ 的灰度差 $f_{t+\Delta t}^M(x,y)$，令

$$f_t^M(x,y) = \Delta(I_{t-\Delta t}(x,y), I_t(x,y)) = (I_{t-\Delta t}(x,y) - I_t(x,y))^2 \tag{2.8}$$

$$f_{t+\Delta t}^M(x,y) = \Delta(I_{t+\Delta t}(x,y), I_t(x,y)) = (I_{t+\Delta t}(x,y) - I_t(x,y))^2 \tag{2.9}$$

步骤 3：将灰度差值二值化。

$$f_t(x,y)=\begin{cases}1, & \Delta(I_t^M(x,y),I_t(x,y))<T\\ 0, & \text{其他}\end{cases} \tag{2.10}$$

步骤 4：去除伪前景。

$$f_{t,t+\Delta t}(x,y)=|f_t^M(x,y)-f_{t+\Delta t}^M(x,y)| \tag{2.11}$$

步骤 5：通过下式找到帧 $I_t(x,y)$和 $I_{t+\Delta t}(x,y)$中实际的前景 $f_t'(x,y)$和 $f_{t+\Delta t}'(x,y)$

$$f_t'(x,y)=f_{t,t+\Delta t}(x,y)\wedge f_t^M(x,y) \tag{2.12}$$

$$f_{t+\Delta t}'(x,y)=f_{t,t+\Delta t}(x,y)\wedge f_{t+\Delta t}^M(x,y) \tag{2.13}$$

步骤 6：找到前景 $f_t'(x,y)$和 $f_{t+\Delta t}'(x,y)$的轮廓，填充空洞。

步骤 7：在 $f_t'(x,y)$中找到面积大于一定阈值的 $i(i=1, \cdots, n)$个连通区域，擦除其他无用区域；对这 i 个区域画外接矩形并计算中心 $P_t(x_t[i], y_t[i])$。

步骤 8：在 $f_{t+\Delta t}'(x,y)$中找到面积大于一定阈值的 $j(j=1, \cdots, n))$个连通区域，擦除其他无用区域；对这 j 个区域画外接矩形并计算中心 $P_t(x_t[j], y_t[j]$。

步骤 9：匹配 i 和 j。如果$|P_j(x_{t+\Delta t}[j], y_{t+\Delta t}[j])-P_i(x_t[i], y_t[i])|<S$，则$|P_j(x_{t+\Delta t}[j], y_{t+\Delta t}[j])-P_i(x_t[i], y_t[i])|<S$。

步骤 10：计算目标方向 $D_t[i]$。

$$\alpha_t[i]=\arctan\left(\frac{x_{t+\Delta t}[i]-x_t[i]}{y_{t+\Delta t}[i]-y_t[i]}\right), i=1,\cdots,n \tag{2.14}$$

$$D_t[i]=\begin{cases}1, & \alpha_t[i]\in[315,360)\cup[0,45)\\ 2, & \alpha_t[i]\in[45,135)\\ 3, & \alpha_t[i]\in[135,225)\\ 4, & \alpha_t[i]\in[225,315)\end{cases} \tag{2.15}$$

算法结束。

2.2.3 动态背景重建方法

依据算法 2.1 能够得到移动目标的方向，同时在移动目标后面的像素点，或者说被目标遮挡住的像素点被认为是背景点。需要注意的是，这些点通常是出现在目标方向相反的方向。假设在图像中所有静态的内容(物体)均为背景，这些静态物是没有移动轨迹的。目标移动方向的相反方向露出来的部分认为是背景区域。因此，可以在目标方向的指引下完成背景建模。

算法 2.2 为动态背景重建算法(Dynamic background reconstruction method, DBR)，具体如下。但是，算法在何时终止，即背景在何时被认为重建成功，也成为了一个有待研究的问题。事实上，在算法 2.2 中，背景初始化为一副与原视频等大的空白图像 $B_0(x, y)$，如步骤 1 所示，随着移动目标的移动，遮挡的背景部分逐渐显露并被拼接起来，当所有 $B_0(x, y)$ 上所有点均完成了至少一次拼接，如步骤 3 所示，则认为背景重建成功，算法终止。然而，也可能出现一些特殊的情境，如移动物体在图像内部停止，而背景尚未完全拼接的情况。为了避免该算法不停循环，可以设定当连续 N 帧背景都没有新的变化(拼接)时，算法 2.2 结束，这是该算法的另一个停止条件。

算法 2.2　动态背景重建算法(DBR 算法)

输入：$B_0(x, y), D_{t-\Delta t}[I], D_t[I], f_{t-\Delta t, t}(x, y), f_{t, t+\Delta t}(x, y)$。

输出：$B(x, y)$。

步骤 1：初始化背景 $B(x, y)$，令 $B(x, y) = B_0(x, y)$。

步骤 2：设置遮盖矩阵 f_{mask}，定义为

$$f_{\text{mask}}(x, y) = \begin{cases} 1, & \text{if}(A \wedge B \wedge C) \\ 0, & \text{其他} \end{cases} \tag{2.16}$$

其中，A，B，C 为三个条件，具体内容为

A：点(x, y)在 $B(x, y)$中没有被重置。

B：点(x, y)在最近的移动目标的相反方向。

C：移动目标没有变向。

步骤 3：$B(x, y) = f_{\text{mask}}(x, y) \wedge I_t(x, y)$。

循环步骤 2 至步骤 3，直到新背景重建完成或连续 N 帧新背景不再变化。

算法结束。

与动态背景重建算法相关的另一个关键问题是算法什么时候启动，即在何种情况下需要进行背景重建。可以设定两种启动方式；第一种是系统第一次执行时启动背景重建算法，也就是说初始是没有背景的，需要建立背景模型；另一个是检测到移动目标变成静止启动。背景重建分为三种情形：其一，图像内部亮度变化，如太阳升起和降落导致的光照变化，室内开关灯引起的亮度变化等；其二，图像内原本静止的“背景”变成移动目标开始移动，

如停车场内停放的车辆由停止状态启动，那么此时就需要重新建立背景；其三，新内容物进入图像并停止在图像中，背景需要重建。

2.3　基于背景重建和移动特征的目标轨迹跟踪

在 2.2 节中，背景在目标方向的帮助下成功重建。在此基础上，对移动目标进行轨迹跟踪就变得相对容易很多。

使用帧差法，当前帧中的移动目标能够很容易地从背景中分离出来，下一步就是对目标的匹配了。本章将当前帧中的目标和上一帧中的目标进行匹配。假设移动目标当前的移动方向就是他未来的方向，那么，目标匹配之后就可以进行目标方向的预测。基于背景重建的目标轨迹跟踪算法如算法 2.3 所示。

算法 2.3　基于背景重建的目标轨迹跟踪算法

输入：$B(x, y), D_t[i], P_t(x_t[i], y_t[i]), I_t(x, y), i_{t+\Delta t'}(x, y)$。

输出：在 $I_{t+\Delta t'}(x, y), \Delta t'=0, 1, 2, \cdots, \Delta t$ 中对目标进行跟踪。

步骤 1：计算前景，$M_{t+\Delta t'}(x, y)=|B(x, y)-I_{t+\Delta t'}(x, y)|$。

步骤 2：对前景使用形态学方法去噪。

步骤 3：将前景中面积足够大的连通区域标记为 $1\sim l(l=1, \cdots, n)$计算中心点坐标 $P_{t+\Delta t'}(x_{t+\Delta t'}[l], y_{t+\Delta t'}[l])$。

步骤 4：利用就近原则进行目标匹配。对目标 i 和 l，如果$|P_t(x_t[i], y_t[i])-P_{t+\Delta t'}(x_{t+\Delta t'}[l], y_{t+\Delta t'}[l])|<S$，则 i 和 l 匹配成功。

步骤 5：　计算方向，$D_{t+\Delta t'}[i]=\arctan\left(\dfrac{x_{t+\Delta t'}[l]-x_t[i]}{y_{t+\Delta t'}[l]-y_t[i]}\right)$。

步骤 6：标注目标轨迹。

算法结束。

2.4　算法实验与分析

根据算法 2.2 和算法 2.3，本节对室内场景和室外场景进行了两组实验，每组实验分别进行了背景重建工作和移动目标检测，并根据就近原则形成简单的跟踪。这两组实验中均存在单个移动目标和多个移动目标的情况。

2.4.1 室内场景的背景重建实验与检测跟踪实验

根据算法 2.2 进行了视频的动态背景建模，图 2.2(a)和图 2.2(b)分别显示了室内场景中的实际背景和实验重建后的背景，可以通过灰度直方图对它们进行比较。通过两者对比，可以看到重建后的背景与实际背景的直方图相似度很高，具有及其相似的峰值区域。图 2.2 证明了 DBR 算法在室内场景应用上的正确性。

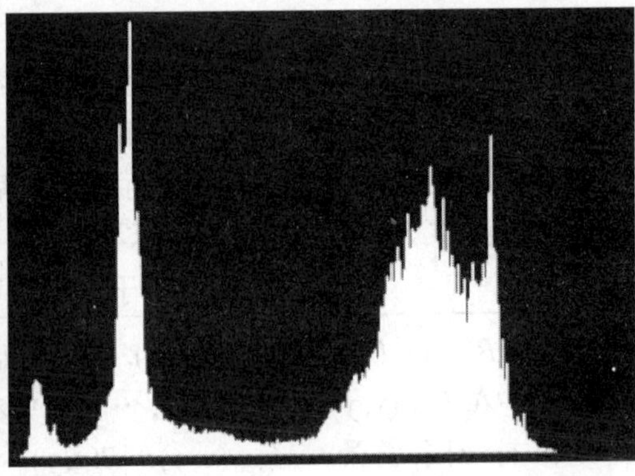

(a) 实际背景及其灰度直方图

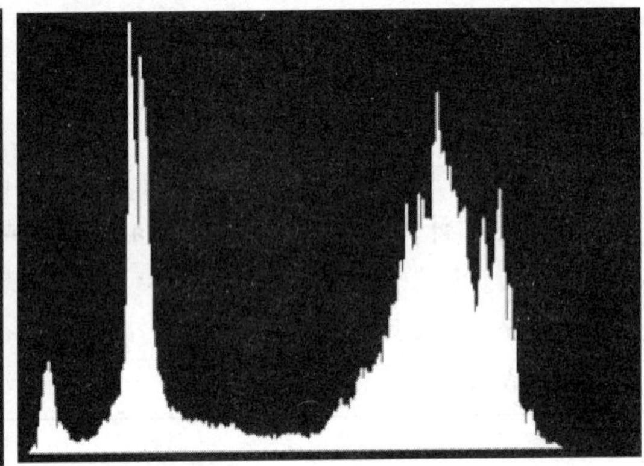

(b) 重建背景及其灰度直方图

图 2.2 室内场景中实际背景与重建背景及其灰度直方图的对比

在背景模型建立后，下一步进行前景目标的检测和跟踪。图 2.3 为室内场景中检测到的单目标和多目标情况，其中矩形框内部是检测到的前景。可以看到在图 2.3(b)中，虽然目标被部分遮挡，但仍然检测成功。此外，当目标经过和自身颜色相似的背景时，目标上相似像素会被认为是背景像素，因此在图 2.3(c)中，人物被分为 3 个部分，图 2.3(d)同理。由图 2.3 可以看到，在正确建立视频图像背景的前提下，室内前景目标的检测变得非常简单，检测结果清晰有效。

(a) 单目标检测

(b) 单目标遮挡

(c) 目标与背景部分相似

(d) 多目标检测

图 2.3　室内场景中对单目标和多目标检测

2.4.2　室外场景的背景重建实验与检测跟踪实验

第二组实验背景为室外场景，受到光线导致的亮度变化影响，实际背景与重建背景及其灰度直方图的对比如图 2.4 所示。可以看到，实际背景灰色直方图与实验重建背景的灰色直方图相似度很高，具有相似的峰值轮廓，重建的背景与实际背景的颜色分布基本相同。图 2.4 证明了 DBR 算法在室内场景应用上的正确性。室外场景检测效果如图 2.5 所示。在图 2.5 中，方框内为检测出的移动目标。实验证明，目标检测效果良好。

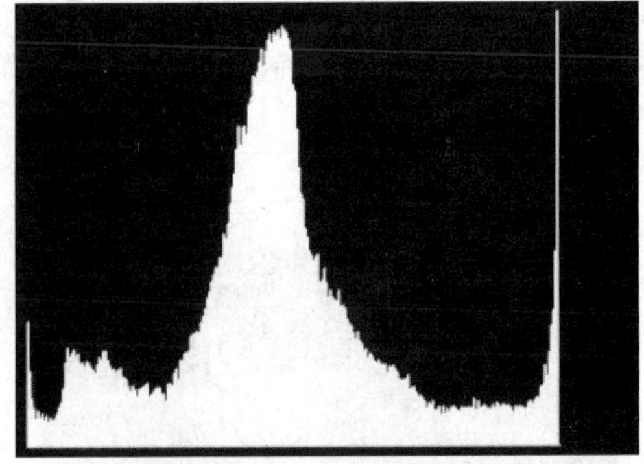

(a) 实际背景及其灰度直方图

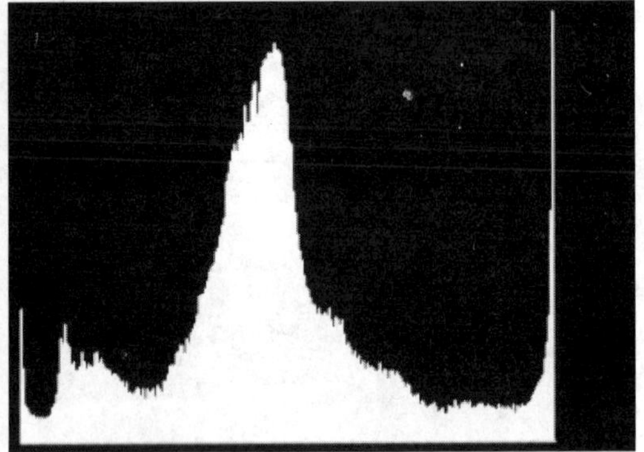

(b) 重建的背景及其灰度直方图

图 2.4　室外场景中实际背景与重建背景及其灰度直方图的对比(2)

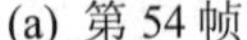
(a) 第 54 帧

(b) 第 190 帧

(c) 第 215 帧

(d) 第 220 帧

图 2.5　室外场景中对多目标的检测

2.5　本 章 小 结

在视频移动目标检测和跟踪的过程中，背景复杂、背景难以提取对检测和跟踪效果影响较大，本章针对该类问题，结合移动目标方向信息提出了一种动态的视频背景重建方法(DBR 方法)，并在此基础上进行视频移动目标的检测和跟踪。首先，通过分析视频序列间信息的关系，对若干帧序列间的前景和背景进行判断，利用三帧差法和就近原则获取目标方向；然后，在若干连续帧中，将背景碎片进行拼接形成完整背景，并设置背景重建的停止条件和启动(重启)条件，动态地更新背景；最后，在建立的背景基础上结合目标的运动学信息进行目标检测和跟踪。DBR 方法创造性地将三差帧法应用到背景检测上，解决了检测跟踪前景目标需要依赖已知背景的问题。同时，对背景进行数学形态学运算，加强针对背景轻微抖动、背景亮度变化等复杂背景的抗干扰能力，也提高了检测的准确率和效率。本章分别在室内场景和室场景上对 DBR 方法进行实验，并对视频移动目标进行检测，实验结果证明该方法具有很好的正确性和鲁棒性。

第 3 章　基于近似拓扑同构的多特征融合视频移动目标跟踪方法

在实际应用过程中，由于移动目标间遮挡、目标由三维空间向二维空间投影产生形变等诸多因素影响，现有的视频目标跟踪算法在准确性和鲁棒性方面依然存在着较大的提升空间。针对视频移动目标跟踪领域面临的目标遮挡与形变问题，本章从人类视觉角度出发，对视频移动目标跟踪技术进行研究，寻找能够更好地反映目标性质的、更具稳定性的特征信息对目标进行描述。本章首先对当前视频移动目标跟踪技术进行介绍；然后提出移动目标分割方法与目标特征提取方法；之后对特征信息进行匹配，进而形成移动目标跟踪；通过若干不同种类的实验验证跟踪方法的有效性和鲁棒性，并与经典视频跟踪方法进行对比；最后进行总结。

3.1　视频移动目标跟踪技术

视频移动目标跟踪的本质是通过目标特征(如取得其位置、速度和加速度等特征信息)来跟踪移动目标。通过使用并分析视频图像序列中移动目标的有用信息来跟踪和识别移动目标。目前目标跟踪已有许多经典的跟踪方法，同时，许多研究人员在经典方法的基础上进行了改进。

在卡尔曼滤波法(Kalman Filter)基础上，Einicke 等人提出扩展卡尔曼滤波法，Julier 等人扩展了卡尔曼滤波。他们研究的基础是将线性预测方程转化为一个近似线性问题。卡尔曼滤波的不足之处在于它很难处理非线性运动，尤其是卡尔曼滤波法不能处理极端运动，如目标突然停止或者大幅度改变方向时，卡尔曼滤波法跟踪效果欠佳。

基于均值漂移方法(Mean Shift)的研究也很多，Liu 等人应用局部稀疏外观特征改进了 Mean Shift 方法，他们构造外观的字典并采用“词袋”用于文本分析。Chen 等人提出的跟踪方法融合了 Kalman Filter 滤波方法和均值漂移方法，该方法包含两个阶段。在第一阶段使用 Mean Shift 方法预测移动对象的近似位置；然后在第二阶段使用 Snake 方法对轮廓进行跟踪，进而提高跟踪的性能。今天，同样的思想也被应用到图像处理的其他领域。这些基于 Mean Shift 的研究方法的弱点与 Mean Shift 弱点相同。Mean Shift 方法采用核函数直方图建模，对边缘遮挡、目标旋转、变形和背景运动不敏感。Mean Shift 方法的计算量相对较小，在目标区域已知的情况下可以做到实时跟踪，效率较高。同时，作为一个无参数密度估计算法，很容易作为一个模块和别的算法集成，充分发挥自身优势，提升算法效率。Mean Shift 算法的缺点也很突出，由于直方图是一种比较弱的对目标特征的描述方法，当背景和目标的颜色分布较相似或者背景与前景难以区分时，算法效果欠佳。

粒子滤波(Particle Filter)方法依据大数定理，采用蒙特卡罗方法来求解贝叶斯估计中的积分运算，是一种全局最优的算法。粒子滤波的原理是根据一定采样函数采样一些样本(粒子)，通过观测粒子的相似度来确定粒子的权重，并利用该权值近似地表示后验概率。在粒子滤波方法基础上，Kim 等人使用辅助粒子滤波器改进了粒子采样，为前面的粒子进行记录，以便当前帧使用。Chen 等人提出的高斯粒子滤波，当前粒子样本在前一帧粒子的后验分布的均值和方差基础上进行放置。Zhang 等人使用自适应的粒子，计算了当前一帧粒子的后验分布。Kwak 等人提出了一种基于子区域模型的粒子滤波的跟踪方法。他们定义了不同的子区域模型并单独计算相似性，若相似性很低则将该子区域模型放弃，标记为模糊区域。Jia 等人通过融合子区域的特征融合和在线状态的更新改进了粒子滤波的跟踪性能。粒子滤波方法在非线性非高斯系统应用方面，相较于卡尔曼滤波只能解决线性系统问题，有着先天的优势。此外，粒子滤波方法可以很好地简化计算复杂性，在各个领域都有广泛的应用。粒子滤波方法存在的问题是存在粒子退化和“样贫”现象。粒子退化是指经过多次迭代后，由状态变量预测分布所产生的大部分随机样本所对应的权值都很小，称这些样本为无效随机样本。无效随机样本对于估计没有太大意义，并且由于有效样本数量的相对减少，往往会使估计产生很大的偏差，而且系统花费大量的计算资源在这些权值很小的粒子上。“样贫”是源自于重采样过程对大权值粒子的过度复制，使粒子的多样性下降，最终导致粒子无法真实反映系统状态的统计特性。

在判别模型类型方法中，Avidan 使用离线训练的支持向量机(Support Vector Machine, SVM)分类器和光流算法设计目标跟踪算法。该方法合理地将分类器机制应用到目标跟踪问题中，但是不能有效地解决目标遮挡的问题。后来，Avidan 又提出一种集成跟踪算法(Ensemble Tracker)，通过在线训练多个弱分类器组成强分类器以对下一帧中的像素进行标记，以确定每个像素是前景还是背景，并形成置信图，然后利用均值偏移方法在置信图中找到峰值作为跟踪结果，接下来训练新的弱分类器以进行下一帧的跟踪。集成跟踪算法改善了部分遮挡情况造成的干扰。Lu 等人利用多示例算法在线学习颜色特征(RGB)和纹理特征(HoG)来训练两个分类器集，通过不断标记新来的数据进行彼此扩大训练集，采用协同训练的方法将其有效地结合起来，两个独立的分类器相互学习，不断提高。此外，该方法还利用辅助跟踪器(IVT 跟踪器)来形成一个简单级联分类器，从而协助系统减少不必要的错误更新。

在实际应用中，现有的目标跟踪方法一般都针对特定的环境，当环境等条件发生改变时，跟踪的准确性就很难保证。例如，当背景复杂、亮度变化、多目标间遮挡、目标在相近的前景或背景中"隐藏"、背景的噪声问题、阴影问题等复杂情况出现一个或多个时，就会使得在复杂背景上建立稳定的、可信赖的目标跟踪变得更加困难。因此，建立高鲁棒性的、实时性的、准确性的复杂背景下的多目标跟踪是极其迫切的需求。

在移动跟踪领域，针对刚体的跟踪往往要比针对非刚体的跟踪容易得多。这主要是由于非刚体在移动过程中其他许多特征会发生变化，这使跟踪变得复杂，而刚体的特征通常是静态的。表 3.1 列出了可能导致目标特征变化的原因及纠正方法。

表 3.1　导致目标不能精确匹配的原因及纠正方法

影响对象	原　因	导致特征变化	纠正方法
刚体/ 非刚体	光线变亮或变暗	目标颜色 颜色块大小	使用比值代替绝对数值
	主体运动模式改变	基本运动特征	使用加速度代替速度
非刚体	变形、拉伸	目标形状 颜色块面积	使用其他特征

事实上，在无遮挡场景下对刚体的判断从来就不是一个问题。因为有太多的不变特征可以利用，从而使识别率非常高。相反，本书关注的焦点是有遮挡场景下的非刚体判断。因为有遮挡、形变等多种因素导致在跟踪时相同目标的各种特征会发生变化，从而造成在不同的帧当中相同目标不能很好地进行匹配。

与机器智能相比，人类在视频中进行移动跟踪是一件很容易的事。从人类视觉的角度出发，人类在观察识别事物时主要依据以下三部分特征：

(1) 物体的位置、大小、形状及其各部分组件的颜色、大小、形状等特征。

(2) 物体各部分颜色组件之间的结构位置关系。

(3) 物体移动的速度、方向、加速度等运动特征。

这些特征很容易被人眼捕捉到并以此区分移动目标。现有的移动识别算法往往只关注以上列举的特征(1)和(3)，却忽视了特征(2)的重要作用。

在将具体场景录制成视频的过程中，移动目标由三维的具体事物变成了二维表观模型，损失了大量的特征信息。当目标在视频中发生移动等行为时，其形状轮廓、大小等特征在目标跟踪过程中常常失去作用，就如一个行走的人在走的过程中形状是不断变化的，一个人蹲下后与站立时大小也有所不同。对比而言，目标的各部分颜色组件(例如根据人身上皮肤和所穿衣物分成多个颜色组件)的相对位置具有较好的稳定性，如衣服组件总是在裤子组件的上方，背包组件总是在衣服组件的前方或者后方。尤其在视频中目标局部被其他事物所遮挡时，没有被遮挡的部分组件之间的位置结构关系也可以用来进行目标比对区分。如果目标全部被遮挡，所有的颜色、形状等信息都不存在时，人眼其实也是无法跟踪的，如目标进入到门里的情形，这种情况可以考虑设置目标特征仓库，当目标在附近再次出现时再进行匹配。为了避免由于非刚体的形变和遮挡导致的特征匹配问题，本章将颜色块的相邻关系抽象成拓扑矩阵，并提出一种对颜色块打分的方法处理部分被遮挡的跟踪物体，使其保持原始特征。

从人类视角出发，本章针对移动目标的颜色组件可用人眼识别并加以区分的一类视频，提出一种经典的基于颜色块拓扑特征和移动特征的视频移动目标跟踪方法，该方法使用多特征融合的方法对视频中多个移动目标进行匹配和跟踪。

3.2　移动目标分割与目标拓扑特征的近似同构

首先，在第 2 章提出的背景重建方法基础上，将移动目标从背景中分离出来并提取有价值的特征信息，即前景目标提取。尤其要提取目标颜色组件的相对位置关系信息。然后，将前景按颜色分块并进行特征提取。主要提取前景颜色块的面积、位置、颜色等特征，并以此建立颜色区块拓扑结构。根据特征信息建立特征信息弱分类器，并组建强分类器用于初级目标识别。之后，在初级目标识别的基础上提取目标的运动信息(目标的速度、加速度、方向等信息)加强方法。最后，进行多目标跟踪。视频移动目标跟踪过程如图 3.1 所示。

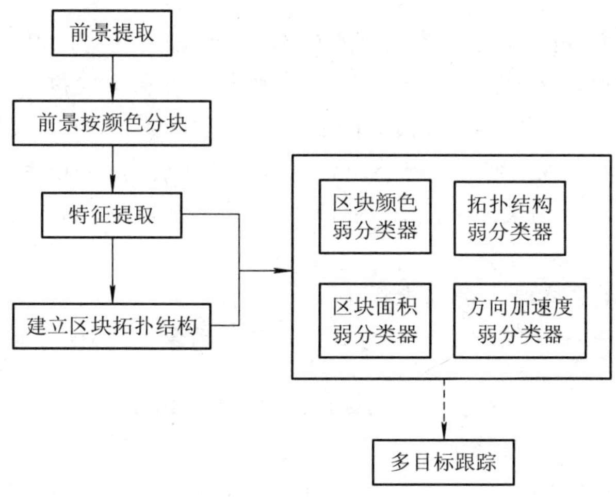

图 3.1　视频移动目标跟踪过程

3.2.1　色块分割

在上一章中，已经重新建立了背景。因此，使用帧差法很容易将前景目标分割开来。定义前景子图像为 $\text{Image}_k(k\in[0, n])$，同时定义对应的标记图像 Flag_k。定义 $p(i, j)$为 Image_k 中的像素点，则 Flag_k 定义：

$$\text{Flag}_k(i, j)=\begin{cases}1, & p(i, j) \text{ is foreground pixes in } \text{Image}_k \\ 0, & p(i, j) \text{ is background pixes in } \text{Image}_k\end{cases} \tag{3.1}$$

在 Image_k 中进行色块分割，按像素点进行色块划分。当且仅当像素点 $p(i, j)$满足下式时认为其属于色块 $C\{P_m\}$，对面积大于阈值 T_{size} 的色块，即当$|C|>T_{\text{size}}$ 时记为有效色块。

$$\begin{cases}\text{Color of } p-\dfrac{1}{n}\sum\limits_{P_i\in C} p_i<\varepsilon \\ (\exists m)(m_i-i)^2+(m_j-j)^2=1\end{cases} \tag{3.2}$$

色块分割算法后，在 Flag_k 中对 Image_k 的对应像素点进行类别标记，0 代表改点不属于任何类(无用点)，标记为 $i\,(1, 2, \cdots, m)$代表该像素点为第 i 块。有两种情况可能导致标记为 0：其一，当 $p(i, j)$为背景点时，Flag_k 中对应点标记为 0；其二，当 $p(i, j)$为无效点时(如所在色块由于面积太小已经被舍弃了)，Flag_k 中对应点标记为 0。色块分割算法如算法 3.1 所示。

算法 3.1　色块分割算法

输入：Image_k，Flag_k。

输出：Class_k。

步骤 1：创建与 Image_k 等大的类别矩阵 Class_k，令 $\text{Class}_k(i, j) = 0$。

步骤 2：循环步骤 3~步骤 5，直至 Image_k 中所有像素点均被扫描。

步骤 3：从上到下，从左至右扫描 Image_k，如果 $\text{Flag}_k(i, j)=1$ 且 $\text{Class}_k(i, j)=0$，则标记 $p(i, j)$为种子点并将 $p(i, j)$放入种子集合 Seed_s 中，令 $\text{Class}_k(i, j) = s$(s 为类别编号, $s = 1\cdots m$)。

计算 s 类像素点颜色均值 cMean_s，再计算 s 类像素点数量 num_s。

步骤 4:

当种子集合 Seed_s 非空时，循环步骤 4:

从 Seed_s 中取出一个种子 $s(i, j)$，则与该种子相邻的像素为 $s(i', j')(i' = j\pm1, j' = j\pm1)$。

如果 $\text{Flag}_k(i', j')=1$，$\text{Class}_k(i', j')=0$，并且 $|\text{Image}_k^r(i, j)-\text{Image}_k^r(i', j')|<\varepsilon^r$，$|\text{Image}_k^g(i, j)-\text{Image}_k^g(i', j')|<\varepsilon^g$，$|\text{Image}_k^b(i, j)-\text{Image}_k^b(i', j')|<\varepsilon^b$ 同时成立，则令

$\text{Class}_k(i',j')=s$，将 $p(i',j')$ 放入 Seed_s 中。

计算 s 类像素点颜色均值 cMean_s，再计算 s 类像素点数量 num_s。

步骤 5：如果 $\text{num}_s<T_{\text{size}}$，则舍弃 s 类像素点，即若 $\text{Class}_k(i,j)=s$，则 $\text{Class}_k(i,j)=0$。

算法结束。

在算法 3.1 中，输入图像包含两类点，分别是前景点和背景点。该算法执行过程中背景点的颜色信息没有参与运算，只有前景点的颜色信息参与运算。假设前景像素点数量在整个图像中所占比例为 $k(0<k<1)$，对于该算法的步骤 4 理论上来说，最好的情况是所有的前景像素属于同一颜色块，最坏情况是所有的前景像素都不属于同一色块，所以该算法最好的计算复杂度为 $O(k^2\times\text{rows}^2\times\text{cols}^2)$，最坏的计算复杂度为 $O(k^4\times\text{rows}^3\times\text{cols}^3)$，其中 rows 代表行数，cols 代表列数。

3.2.2　色块拓扑信息提取和近似拓扑同构

将初始移动物体按照色块划分后，就能够提取色块的位置拓扑信息了。非刚体很难被跟踪主要是由于其容易变形，但一般来讲，其颜色块的相对位置却是比较固定的。因此，本章使用拓扑信息作为非刚体的特征进行表示。

在本节中，首先建立前景色块位置相邻关系的拓扑图，将颜色块作为节点(v_i)，若节点 v_i 与节点 v_j 相邻，则在节点 v_i 与 v_j 间建立边 e_{ij}，由此，将前景色块转换成无向图，然后使用矩阵存储拓扑信息。

将色块按照面积由大到小排序，设色块数量为 n，对色块 block_i 建立向量 $t_i(i_1i_2\cdots i_n)^{\text{T}}$，当 block_i 与 block_j 不相邻时 $i_j=0$；反之 $i_j=1$。然后建立布尔矩阵 $\boldsymbol{T}_{n\times n}=\{t_1,t_2,\cdots,t_n\}$用于保存前景目标拓扑信息。显然 $\boldsymbol{T}$ 为非负对称矩阵，理论上，若两个拓扑矩阵 $\boldsymbol{P}$ 和 $\boldsymbol{Q}$ 标记同一移动目标，则矩阵 $\boldsymbol{P}$ 和 $\boldsymbol{Q}$ 一定具有同构关系。但是在实际的目标跟踪和匹配中，往往达不到理论上的结果。因此，需要研究一种模糊匹配的方法对这种情况进行分析，从而有效地解决此类问题。

其实在目标跟踪算法中，对目标的特征进行分析是一件非常基本的工作。从角点、形状、大小、颜色等特征的提取到多特征融合、匹配都离不开对特征的分析，而往往当非刚体目标特征发生变化时，精确匹配无法成立，从而使整个跟踪过程达不到令人满意的效果。

在对人眼识别物体的思维方式进行分析的过程中，本章对这种特征发生变化的情况进行了研究，并提出了近似匹配的概念。事实上，本章提出的这种用来寻找并比较目标特征的模糊相似性的算法是基于序列比对算法提出的，它来源于不同的序列相似性的比较。

更具体地说，本章的算法是基于一种两序列局部相似性比对算法提出的。在对两条序列进行比对时，虽然这两条序列不一定能进行精确的匹配，但是它们有一定的相似度。那么应该如何判定序列之间的这种相似性？对于这种情况，本章结合生物信息学中比较碱基序列的方法，提出了一种用来评定序列相似性的方法，称为记分函数的方法。其主要功能在于把两条未知的序列进行排列，通过对序列单元的匹配、删除和插入操作，使两条序列达到同样的长度，同时在这个过程中将操作进行评分，最后给出两条序列的相似性度量。

1. 序列相似性

(1) 首先，给出序列相等的概念。

定义 3.1　(序列相等)定义 L_1、L_2 是两个序列，$|L|$ 表示 L 中的字符长度，$L[i]$ 表示序列 L 的第 i 个字符，则称序列 L_1 和序列 L_2 相同，当且仅当如下条件被满足：

① $|L_1| = |L_2|$；

② $\forall i \in [0, |L_1|-1]$，$L_1[i] = L_2[i]$。

(2) 其次，给出打分函数的定义。

定义 3.2　(打分函数)定义 c_1 和 c_2 是任意两个字符，那么非负函数 $\sigma(c_1, c_2)$ 称为一个衡量 c_1、c_2 的打分函数，当且仅当如下条件被满足：

① $\sigma(c_1, 0)=0$；

② $\sigma(c_1, c_1) \geqslant \sigma(c_1, c_2)$；

③ $\sigma(c_1, c_2) = \sigma(c_2, c_1)$。

此时，可称 $\sigma(c_1, c_1)$ 为 c_1 和 c_2 进行比较时的打分。$\sigma(c_1, 0)$ 和 $\sigma(0, c_2)$ 主要用来描述当 c_1 或 c_2 为空字符的情况，在序列中空字符的匹配表示序列中存在某位置可能缺失一个未知的字符，故使用空字符来表示这种缺失。

(3) 接着，可以用打分函数来描述序列的相似性，如下所示。

定义 3.3　(Score 函数)如果 L_1 和 L_2 是两个序列，那么 L_1 和 L_2 的一个相似性比较打分 Score(L_1'，L_2')可以用序列 L_1' 和 L_2' 所有字符一一比对的σ函数之和得到，其中：

① $|L_1'|=|L_2'|$；

② $L_1'(L_2')$ 是由序列 $L_1(L_2)$ 中插入若干空字符得到；

③ $\text{Score}(L_1', L_2') = \sum_{i=1}^{t}\sigma(L_1'[i], L_2'[i])$，其中 $t = |L_1'| = |L_2'|$。

④ 最后，对于两个序列 L_1 和 L_2，称 L_1 和 L_2 的最优相似性比较为 $\{L_1', L_2'\}$，当 Score(L_1'，L_2')是所有 L_1 和 L_2 生成序列中最大的，如下所示。序列相似性比较的主要目标就是找出序列间的相似性打分最高的，而这也说明“某种程度上” L_1 和 L_2 是相似的。

定义 3.4　(序列相似性) L_1 与 L_2 的最优相似性打分为 $M\text{Score}(L_1, L_2)$，若 $M\text{Score}(L_1, L_2) = \max \text{Score}\{L_1', L_2'\}$，且 L_1' 由 L_1、L_2' 由 L_2 按定义 3.3 的②生成。

2. 一般序列相似性算法

在寻找序列最优相似性比较的算法时，一般需要先用迭代方法计算出两个序列的所有可能相似性比较的分值，然后通过动态规划的方法回溯寻找最优相似性比较，具体过程如下所示。

对于两个序列 L_1 和 L_2，已知对任意 $0\leqslant i<|L_1|$和 $0\leqslant j<|L_2|$均有 $L_1[i]\in\boldsymbol{\Omega}$ 和 $L_2[j]\in\boldsymbol{\Omega}$，其中 $\boldsymbol{\Omega}$ 是序列字符全集。在 $\boldsymbol{\Omega}$ 上定义非负函数$\sigma(x,y)$用于记录两个字符 x 和 y 之间的分值。定义一个矩阵 $\boldsymbol{M}$ 用于计算 $M\text{Score}(L_1,L_2)$，矩阵的递归定义：

$$M(i,0)=M(0,j)=0$$

$$M(i,j)=\max\begin{cases}M(i-1,j-1)+\sigma(a_j,b_j)\\ \max_{s\geq1}\{M(i-s,j)+P_s\}\\ \max_{t\geq1}\{M(i,j-t)+P_t\}\end{cases},\ 0\leq i<|L_1|,\ 0\leq j<|L_2| \tag{3.3}$$

其中，P_i 代表插入空格的罚分。

通过 $\boldsymbol{M}$ 的定义，可以近似的得到如下打分矩阵。

$$\begin{bmatrix} L_1/L_2 & 0 & 1 & \cdots & j-2 & j-1 \\ 0 & M(0,0) & M(0,1) & & \cdots & \\ 1 & M(1,0) & M(1,1) & & & \\ & & & \cdots & & \\ i-2 & & \cdots & & M(i-2,j-2) & M(i-2,j-1) \\ i-1 & & & & M(i-1,j-2) & M(i-1,j-1) \end{bmatrix}$$

相似性打分算法描述如算法 3.2 所示。

算法 3.2　相似性打分算法

```
For (所有满足条件 0≤i≤|L1|, 0≤j<|L2|的 i 和 j) Do
{
    If (M[i, j] = M[i-1, j-1] + σ(L1(i), L2(j)))
      {i--; j--}
    Else if (M[i, j] = M[i-1, j] + P1)
       {i--; 在 L2 的第 j 个位置插入空字符}
    Else if( M[i, j] = M[i, j-1] + P1)
    {j--; 在 L1 的第 i 个位置插入空字符}
}
```

从算法 3.2 中可以看出，在计算打分矩阵时需要依次计算矩阵的每个元素，即每一个打分值，其计算复杂度为 $O(mn)$。再从上面的回溯查找算法中可以看到，第二步回溯算法的计算复杂度为 $O(\max(m, n))$。该算法的整体计算复杂度为 $O(mn)$，其中 m、n 分别为 L_1 和 L_2 的长度。使用本算法计算两个序列最大相似性度量时，绝大部分的计算时间都已经消耗在计算打分矩阵上了，其他消耗的时间非常少，可以忽略。

3. 拓扑矩阵相似性算法

在本章的研究中，从视频序列中提取待比对的移动物体颜色块拓扑特征与已有的移动物体颜色块拓扑特征进行比较的时候，也可以参照序列相似性比对算法，将其抽象为一种两矩阵的整体-局部比对算法。

首先，按色素将移动物体的颜色块重排列并归一化，因为考虑到匹配的先决条件为不发生严重遮挡，因而按色块(相对)大小对拓扑矩阵进行排序是恰当的。事实上，发生严重遮挡的匹配是不可能的，同时用归一化杜绝移动物体随镜头的深度的变化也是合理的。

其次，由于拓扑矩阵是 0-1 矩阵，因此非负函数$\sigma(x, y)$的定义可以用$|x - y|$来表示，这也满足了对σ函数的要求。

随后求 Score 值的时候，进行的插入操作为同时插入空行和对应的空列，相当于在拓扑矩阵的构成中插入空元素。*M*Score 的求法与 3.2.2 节中类似，是随着 Score 值的变化而变化的，本章不再赘述。

在视频图像中，非刚体移动目标由三维空间向二维空间投影过程中，当目标姿态变化或是变形时，其色块位置可能发生一定变化，尤其是发生了局部遮挡或是自遮挡时，常常损失部分色块信息。因此，在实际比对的过程中，使用近似拓扑同构代替拓扑同构，具体操作过程如下。

定义 3.5(近似拓扑同构)称两个矩阵 $\boldsymbol{T}_{n\times n}$ 和 $\boldsymbol{T}'_{m\times m}$ $(n>m)$是近似拓扑同构的，当存在由矩阵基本变换构成的可逆矩阵 $\boldsymbol{P}$，使 $\|\boldsymbol{P}^{-1}\boldsymbol{T}\boldsymbol{P}-\boldsymbol{T}'_{sub}\| < \xi \cdot M\mathrm{Score}(T, T')$，其中 $\boldsymbol{T}'_{sub}$ 是 $n\times n$ 大小的 $\boldsymbol{T}'_{m\times m}$ 加入若干空元素构成的矩阵，ξ 是给定的比例阈值。

从定义 3.5 中可以看到，两个矩阵近似拓扑同构的标准是一个矩阵加入若干空行和对应的空列后，经相似变换与另外一个矩阵求得的差矩阵的秩小于两个矩阵的相似度打分的某个系数倍。换句话说，两个矩阵的相似度打分越高，则不等式右边越大，不等式越容易满足；同时，两个矩阵越近似拓扑同构，不等式左边越小，不等式越容易满足。ξ 的加入是为了调节近似拓扑同构的标准，当物体形变较大、遮挡频繁时，ξ 会设的较大以满足拓扑同构的存在性；当物体形变较小、遮挡较少时，ξ 会设的较小以满足拓扑同构的准确性。

与 3.2.2 节类似，可知按定义 3.5 对矩阵近似拓扑同构的判断时间的计算复杂度为 $O(n^2m^2)$。

本章中，对目标色块的拓扑矩阵进行近似拓扑同构判断，将拓扑矩阵信息作为跟踪的一个重要的特征应用，当移动目标为非刚体时，该特征作用明显。

3.3　基于近似拓扑同构的多移动目标跟踪

一般来讲，基于特征的移动跟踪算法分为两个部分，分别是初级特征提取和目标特征匹配。然而在很多时候，提取的特征可能由于许多原因并不能严格匹配(如表 3.1 列举的诸多原因)。因此，本章借鉴经典的 Ada Boost 方法，建立多个弱分类器组建成强的级联分类器。在已经提取目标拓扑特征的基础上，应用四种特征建立弱分类器，每种特征弱分类器不需要很高的匹配率，常常达到 50%即可，而这是很容易做到的事情。当特征弱分类器组建成级联分类器后，匹配率会明显提高。这四种特征分别是色块大小的比值、色块颜色均值、运动学特征和色块位置拓扑特征。由于拓扑特征在遮挡、目标形变等情况下具有一定的稳定性，因此本章提出的方法命名为近似拓扑同构的移动跟踪方法(Moving Tracking with Approximate Topological Isomorphism，MTATI)。

3.3.1　特征提取

三种先验特征首先被提取或建立。它们分别是色块面积、色块颜色均值和色块拓扑关系，其中色块面积指 block_i 中所包含的像素数量，色块颜色均值指对色块中所有像素的 RGB 彩色模型的三通道平均值。算法 3.3 为特征提取算法。

算法 3.3　特征提取算法

输入：Image_k, Flag_k, Class_k。

输出：block sizes, color means, topological information。

步骤 1：初始化类别号 num = 1，令 num = 1 到 $\min(10, N_{\max})$循环执行步骤 2。

步骤 2：对 Class_k 中所有像素从上到下、从左到右扫描。

如果 $\text{Class}_k(i, j) = \text{num}$，那么计算 $c\text{Means}_{\text{num}}$ 和 num_{num} 并生成拓扑矩阵 $\boldsymbol{T}$。

步骤 3：按照块由大到小对 $c\text{Means}_{\text{num}}$ 和 num_{num} 排序。

算法结束。

下面分析算法 3.3 的计算复杂度。步骤 1 和步骤 2 组合起来的计算复杂度为 $O(n \times$

rows × cols)，步骤 3 的计算复杂度为 $O(n^2)$，则该算法的计算复杂度为 $O(n\times \text{rows}\times \text{cols})$。其中，$n(n\leqslant 10)$代表有效的颜色块的数量，rows 和 cols 代表初始图像的行数和列数。

3.3.2 特征匹配

特征匹配是指将相邻图像中的同一目标对应起来。由于同一目标的所有的特征都会在图像序列的不同帧中有所变化(可能变大也可能变小)，那么就不可能通过判断它们是否相等来进行匹配，这是需要解决的一个非常关键的问题。 因此，由 3.3.1 中得到的特征建立了三个弱分类器。此外，根据目标运动特征建立运动学特征弱分类器作为后验分类器。每个弱分类器不需要达到高匹配率，而只需要设置一个较低的匹配率来判断匹配是否成功。

1．颜色块面积

假定在 Image_A 中有 m 个有效颜色块，在 Image_B 中有 n 个有效颜色块($m>n$)，其中颜色块的面积分别是$\{\text{num}_{\text{A}1}$，$\text{num}_{\text{A}2}$，…，$\text{num}_{\text{A}m}\}$和$\{\text{num}_{\text{B}1}$，$\text{num}_{\text{B}2}$，…，$\text{num}_{\text{B}n}\}$。由于颜色块按照面积由大到小排列，则在 Image_A 中选出前 n 块与 Image_B 中的 n 个颜色块进行计算。相邻帧中前景目标颜色块面积匹配算法如算法 3.4 所示。

算法 3.4　颜色块面积匹配算法

步骤 1：计算图像 A 和 B 中每个色块面积所占比例(色块按照面积由大到小排列)。

$$a_i=\frac{\text{num}_{\text{A}i}}{\sum_{j=1}^{n}\text{num}_{\text{A}j}},\ b_i=\frac{\text{num}_{\text{B}i}}{\sum_{j=1}^{n}\text{num}_{\text{B}j}} \tag{3.3}$$

步骤 2：计算比例的比值和二值化。T_s 为面积比例阈值。

$$p_i=\frac{a_i}{b_i},\ q_{ij}=\begin{cases}1, & |\,p_i-p_j\,|<T_s\\ 0, & \text{其他}\end{cases} \tag{3.4}$$

步骤 3：设计色块面积弱分类器 $\text{Wclassifier}_\text{size}$，$\text{Wclassifier}_\text{size}=1$ 时认为该弱分类器匹配成功。

$$\text{Wclassifier}_\text{size}=\begin{cases}1, & \dfrac{\sum_{i=1}^{n}\sum_{j=1}^{n}q_{ij}}{n^2}\geqslant 0.5\\ 0, & \text{其他}\end{cases} \tag{3.5}$$

算法结束。

2．色块颜色均值弱分类器

假设前景子图像 Image_A 中颜色块颜色均值为$\{c\text{Mean}_{\text{A}1}$，$c\text{Mean}_{\text{A}2}$，…，$c\text{Means}_{\text{A}m}\}$，前

景子图像 Image_B 中颜色块颜色均值为$\{c\text{Mean}_{\text{B}1}, c\text{Means}_{\text{B}2}, \cdots, c\text{Mean}_{\text{B}n}\}$。算法 3.5 为色块颜色均值匹配算法。

算法 3.5　颜色块颜色均值匹配算法

步骤 1：在图像 A 和 B 中，若 $|c\text{Means}_{\text{A}_i} - c\text{Mean}_{\text{B}_j}| < T_{c\text{Means}}$，令 $d_{ij} = 1$，否则为 0。

步骤 2：计算色块颜色弱分类器 $\text{Wclassifier}_{\text{color}}$，$\text{Wclassifier}_{\text{color}} = 1$ 时认为该弱分类器匹配成功。

$$\text{Wclassifier}_{\text{color}} = \begin{cases} 1, & \dfrac{\sum\limits_{i=1}^{m}\sum\limits_{j=1}^{n} d_{ij}}{m \times n} \geq 0.5 \\ 0, & \text{其他} \end{cases} \tag{3.6}$$

算法结束。

3．色块拓扑结构弱分类器

依据 3.3.2 节的内容和算法 3.2，可以得到 Image_A 中的颜色块位置拓扑矩阵 $\boldsymbol{T}_{m \times m}$ 和 Image_B 中的拓扑矩阵 $\boldsymbol{T}_{n \times n}$，由定义 3.5，设置拓扑关系弱分类器 $\text{Wclassifier}_{\text{topology}}$：

$$\text{Wclassifier}_{\text{topology}} = \begin{cases} 1, & \boldsymbol{T}'_{m\times m}\text{和}\boldsymbol{T}_{n\times n}\text{为近似拓扑同构} \\ 0, & \text{其他} \end{cases} \tag{3.7}$$

$\text{Wclassifier}_{\text{topology}} = 1$ 时，认为该弱分类器匹配成功。本部分的计算复杂度为 $O(n^2m^2)$，其中 m 和 n 代表矩阵的一维规模。

4．运动特征弱分类器

运动特征指的是目标的方向特征和加速度特征。由于目标可能在行进过程中较大幅度地改变其运动速度，如突然变快或突然变慢，故速度信息不具有很好的稳定性，相比之下加速度特征比速度特征具有更大的价值。在相邻帧中，目标的方向和加速度改变幅度较小，因此被选取出来作为运动特征后验弱分类器。此外，将运动特征作为后验分类器是因为首先需要根据上面的三个弱分类器得到一个假定的目标匹配，才能够计算该目标的运动方向、速度、加速度等运动信息。

假定通过颜色块面积弱分类器、颜色块颜色均值弱分类器和颜色块拓扑信息弱分类器的计算，在相邻三帧中的前景子图像 Image_A、Image_B 和 Image_C 对应同一实际目标 t，那么计算中心点分别为$\{C_\text{A}, C_\text{B}, C_\text{C}\}$。

运动特征匹配算法如算法 3.6 所示。

算法 3.6　运动特征匹配算法

步骤 1：定义目标 A 和 B 之间的方向。

$$D_{AB}=\begin{cases}\arctan\left(\dfrac{c_B\cdot x-c_A\cdot x}{c_B\cdot y-c_A\cdot y}\right), & c_B\cdot y-c_A\cdot y>0\\ \arctan\left(\dfrac{c_B\cdot x-c_A\cdot x}{c_B\cdot y-c_A\cdot y}\right)+\pi, & \text{其他}\end{cases} \tag{3.8}$$

步骤 2：定义速度。

$$\begin{aligned}\text{Speed}_{AB}&=(c_B\bullet x-c_A\bullet x)^2+(c_B\cdot y-c_A\cdot y)^2\\ \text{Speed}_{BC}&=(c_C\bullet x-c_B\bullet x)^2+(c_C\cdot y-c_B\cdot y)^2\end{aligned} \tag{3.9}$$

步骤 3：计算加速度 $a_t=\text{Speed}_{BC}-\text{Speed}_{AB}$，同样方法计算下一个加速度 a_t'。

步骤 4：建立方向、加速度弱分类器，T_a 为加速度阈值。

$$\text{Wclassifier}_{\text{motion}}=\begin{cases}1, & (D_{AB}-D_{BC})\bmod 2p<\dfrac{\pi}{4}\text{和}|a_t-a_t'|<T_a\\ 0, & \text{其他}\end{cases} \tag{3.10}$$

$\text{Wclassifier}_{\text{motion}}=1$ 时认为该弱分类器匹配成功。作为后验分类器，当其匹配成功时则验证了之前的假定的正确性，即 Image_A、Image_B 和 Image_C 确实为同一目标。

算法结束。

由前文可知，算法 3.1 最好的计算复杂度为 $O(k^2\times \text{rows}^2\times \text{cols}^2)$，最坏的计算复杂度为 $O(k^4\times \text{rows}^3\times \text{cols}^3)$；算法 3.3 的计算复杂度为 $O(n\times \text{rows}\times \text{cols})$，近似拓扑同构判断算法的计算复杂度为 $O([L_1]^2[L_2]^2)$，其中 rows 和 cols 代表初始图像的行数和列数，$n(n\leqslant 10)$代表有效的颜色块的数量，k 代表前景在整帧中的比例。算法 3.4、算法 3.5 和算法 3.6 的计算复杂度在实际计算中因为得到的子图和块数比较小(<10)，通常可以忽略不计。

由上可知，本章总体算法的计算复杂度应该是 $O(k^2\times \text{rows}^2\times \text{cols}^2+\text{rows}\times \text{cols}+[L_1]^2[L_2]^2)$(最佳情况)和 $O(k^4\times \text{rows}^3\times \text{cols}^3+\text{rows}\times \text{cols}+[L_1]^2[L_2]^2)$(最坏情况)。而由 $[L_1]$ 和 $[L_2]$ 是拓扑矩阵的一维规模显然易知 $L_1<\text{cols}$、$L_2<\text{rows}$，由 k 的定义知 $k<1$。所以，总体算法的计算复杂度为 $O(s^2)$(最佳情况)和 $O(s^3)$(最坏情况)，其中 s 为视频中帧的规模(按像素计)。

5. 组建强分类器

将上述四个弱分类器组建成强分类器(S-classifier)，定义 S-classifier = 1。当且仅当所有弱分类器匹配成功，S-classifier = 1 即目标匹配成功，之后对匹配成功的目标按次序分配序号。

当所有弱分类器都进行匹配计算后，可能出现的一个情况是后帧中有多于一个目标与前帧中的目标匹配成功，也就是形成了一对多的匹配，此时根据就近原则进行匹配。例如，当 x，y，z 都与前帧中的目标 a 匹配成功，那么根据目标中心点之间的欧氏距离寻找 x，y，z 中距离 a 最近的目标认为和 a 是同一目标。

事实上，同一目标的特征不只在相邻帧上表现近似，在相近帧上也有近似表现(如每 30 帧间隔)。设置一个特征仓库用来保存近期的目标特征及其编号，这样当目标在图像内部而不是图像边缘出现时，首先寻找相邻帧内是否有匹配目标，若没有，则可以在特征仓库中进行寻找。特征仓库可有效地解决目标短暂消失而又再出现的情况，如图像中人物进入门里又出现的情形。

3.4 算法实验与分析

本节在若干视频图像序列中测试前面提出的各种算法，测试用视频图像来自于文献[13]建立的测试视频数据集。选取的实验视频包括室内简单背景和复杂背景下的单人场景、多人场景和多人间交错的场景、交通控制场景等。本节主要进行了 4 种实验，分别是颜色块分割实验、特征信息提取实验、特征匹配和移动跟踪实验，以及与视频移动跟踪领域的若干经典算法的对比实验。

3.4.1 颜色块分割实验与分析

算法 3.1 实验结果分别如图 3.2 和图 3.3 所示，像素之间颜色差异不大于阈值，$\varepsilon=(20, 20, 20)$认为属于相同颜色块，颜色块面积不小于阈值 $T_{size}=40$ 时，该颜色为有效颜色块。使用不同深度的灰色标记每一个划分出来的有效颜色块，标记为黑色的像素点表示该像素点不属于任何一块。为了更清晰地实现算法 3.2 的分块效果，在图 3.2(a)和图 3.2(b)中并没有去除背景像素，从图 3.2 中可以看出，原始图像中具有相似颜色的块状区域都能够很好地通过算法 3.1 进行标识。

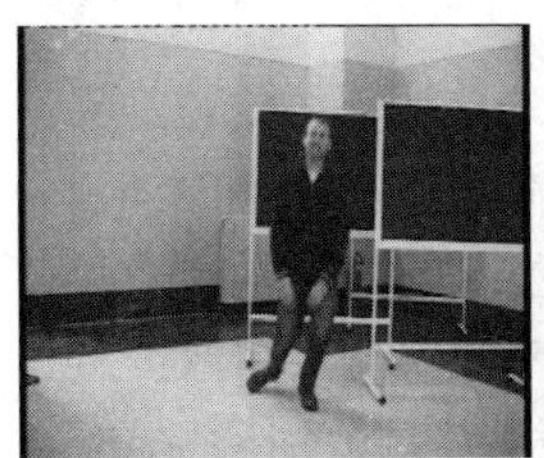

(a) 实验 1 分块前后

(b) 实验 2 分块前后

图 3.2 前景目标分块实验(全部前景像素)($\varepsilon=(20, 20, 20)$, $T_{size}=40$)

图 3.3 是去除了背景后仅对前景分块的效果。其中，图 3.3(a)为原始图像；图 3.3(b)是原始图像与背景进行差分后的结果；图 3.3(c)是根据差分图像找到的前景目标；图 3.3(d)是对前景目标的分块后效果，从中可以清晰地看到分成块的若干区域。

(a) 初始图像　(b) 与背景进行差分后的图像　(c) 前景目标　(d) 前景分块后效果

图 3.3　对前景图像进行分块(ε =(20，20，20)，T_{size}= 40)

色块分割算法的目的是为了从块中提取有价值的特征信息，尤其是块之间相邻关系的拓扑结构信息。因此，面积比较小的颜色块由于其特征稳定性差相对于面积大的颜色块价值较小。如图 3.3(b)所示的实验中，目标的细条纹毛衣在颜色分块时会被分成许多小颜色块，其中某些小颜色块在视频行进过程中由于目标人物姿态发生变化有可能被全部遮挡，那么提取这些小颜色块的拓扑信息用处不大，反而会造成更多困扰。因此，本章在更多的实验中根据视频实际情况调整颜色块面积阈值 T_{size}，面积小于 T_{size} 的颜色块将被舍弃。

3.4.2　特征信息提取实验与分析

1. 颜色块大小与颜色均值特征提取实验

图 3.4～图 3.7 显示了部分视频图像中的颜色块特征和色块色彩均值特征的实验结果。在图 3.4 中，选取的是实验视频 1 中的相邻两帧第 948 帧和第 949 帧。图 3.4(a)和 3.4(e)分别显示的是第 948 帧和第 949 帧的原始图像；图 3.4(b)和 3.4(f)分别显示的是第 948 帧和第 949 帧的前景图像；图 3.4(c)和 3.4(g)分别显示的是第 948 帧和第 949 帧的前景图像按照颜色块进行分割后的图像；图 3.4(d)和 3.4(h)分别显示的是第 948 帧和第 949 帧的特征提取结果，主要计算了第 948 帧和第 949 帧的颜色块面积和平均灰度值，该结果按照前景子图像的方式进行特征提取。

(a) 第 948 帧的原始图像

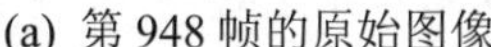

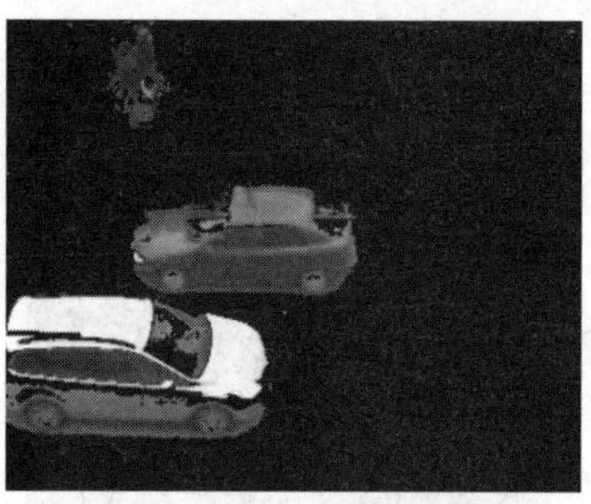

(b) 第 948 帧的前景图像

(c) 第 948 帧的色块分割结果

Number	Size	GrayMean
1	1548	2.15568
2	1134	1.44709
3	1031	135.46
4	445	73.3303
5	391	144.951
6	329	102.912
7	327	107.404
8	272	116.533
9	181	85.6298
10	147	4.21088
11	116	105.776
12	110	105.727

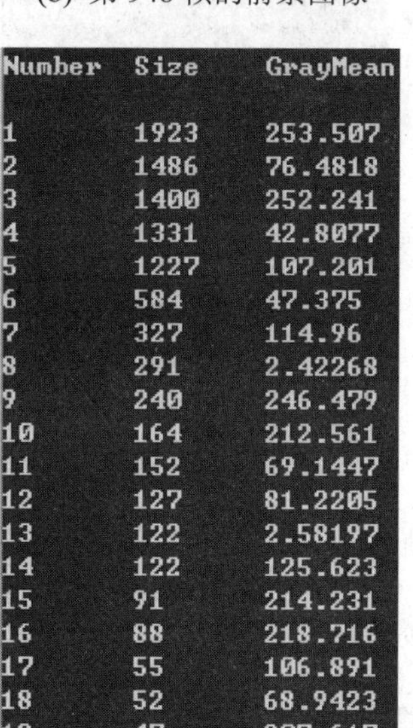

Number	Size	GrayMean
1	1923	253.507
2	1486	76.4818
3	1400	252.241
4	1331	42.8077
5	1227	107.201
6	584	47.375
7	327	114.96
8	291	2.42268
9	240	246.479
10	164	212.561
11	152	69.1447
12	127	81.2205
13	122	2.58197
14	122	125.623
15	91	214.231
16	88	218.716
17	55	106.891
18	52	68.9423
19	47	207.617
20	43	4.16279
21	42	104.738

Number	Size	GrayMean
1	773	45.2471
2	108	72.5648
3	44	3.38636

(d) 第 948 帧中各子图像的色块面积和色块颜色均值结果

(e) 第 949 帧的原始图像

(f) 第 949 帧的前景图像

(g) 第 949 帧的色块分割结果

Number	Size	GrayMean
1	1558	1.60398
2	1327	131.368
3	515	90.8563
4	463	1.98272
5	413	81.3123
6	391	119.652
7	275	149.8
8	196	99.0255
9	179	4.4581
10	123	3.70732
11	121	2.04959
12	118	104.636
13	111	110.766
14	80	51.05
15	48	8.60417

Number	Size	GrayMean
1	1840	253.07
2	1280	251.906
3	1266	41.7291
4	1168	106.36
5	934	58.3094
6	443	114.926
7	332	3.21988
8	231	244.589
9	192	94.1354
10	163	9.31288
11	149	78.4765
12	141	79.9787
13	132	5.68182
14	123	93.0163
15	101	94.3069
16	95	242
17	76	67.3684
18	59	189.864
19	55	67.9273
20	52	89.3654
21	43	209.186
22	41	211.585

Number	Size	GrayMean
1	753	46
2	433	5.83141
3	158	3.97468
4	97	77.6392

(h) 第 949 帧中各子图像的色块面积和色块颜色均值结果

图 3.4　视频 1 的色块面积与颜色均值特征提取结果

图 3.5～图 3.7 与图 3.4 类似，显示了在视频 2、视频 3、视频 4 上的特征提取实验结果。需要说明的是，在图 3.4 中存在 3 个前景子图，图 3.5 中存在 1 个前景子图，图 3.6 和图 3.7 中存在 2 个前景子图。每个前景子图的提取的特征列表值为下一步移动目标跟踪过程中的目标匹配提供基础。

(a) 第 240 帧的原始图像

(b) 第 240 帧的前景图像

(c) 第 240 帧的色块分割结果

Number	Size	GrayMean
1	3114	41.104
2	596	51.8775
3	381	73.1076
4	103	148.01
5	82	152.256
6	81	147.432
7	76	85.8421
8	62	107.613

(d) 第 240 帧中各子图像的色块面积和色块颜色均值结果

(e) 第 241 帧的原始图像

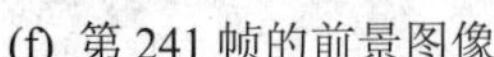

(f) 第 241 帧的前景图像

(g) 第 241 帧的色块分割结果

Number	Size	GrayMean
1	3217	41.258
2	578	52.064
3	298	67.1779
4	107	138.224
5	97	85.6804
6	92	143.641
7	85	154.765
8	65	108.338
9	51	92.3137
10	49	92.8571
11	48	4.47917

(h) 第 241 帧中各子图像的色块面积和色块颜色均值结果

图 3.5　视频 2 的色块面积与颜色均值特征提取结果

(a) 第 278 帧的原始图像

(b) 第 278 帧的前景图像

Number	Size	GrayMean
1	1793	92.4467
2	1272	52.4615
3	1182	38.8638
4	496	121.671
5	295	114.583
6	230	139.357
7	151	121.298
8	150	92.9467
9	119	166.966
10	105	128.657
11	92	121.783
12	80	79.2125
13	72	92.7917

Number	Size	GrayMean
1	3207	33.6292
2	1533	33.5264
3	569	37.8559
4	425	74.1059
5	307	30.7264
6	293	93.4778
7	263	28.2928
8	89	35.8764
9	53	61.6038
10	46	86.3261
11	42	4.14286

(c) 第 278 帧的色块分割结果

(d) 第 278 帧中各子图像的色块面积和色块颜色均值结果

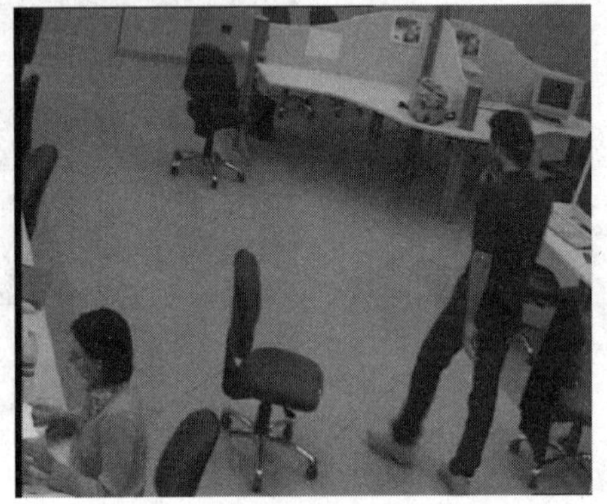

(e) 第 279 帧的原始图像

(f) 第 279 帧的前景图像

Number	Size	GrayMean
1	1932	99.3173
2	1271	52.4028
3	1200	39.4433
4	518	131.716
5	347	130.28
6	212	100.269
7	169	65.4675
8	151	101.536
9	101	169.218
10	99	69.7374
11	91	73.4396
12	82	132.268
13	72	151.514

Number	Size	GrayMean
1	2242	1.14228
2	1853	33.3859
3	1553	37.8596
4	1395	36.5032
5	454	76.2423
6	422	35.0261
7	288	84.2014
8	176	28.9034
9	164	98.5549
10	62	59.0484
11	53	71.6604
12	53	80.6604
13	50	75.4

(g) 第 279 帧的色块分割结果

(h) 第 279 帧中各子图像的色块面积和色块颜色均值结果

图 3.6　视频 3 的色块面积与颜色均值特征提取结果

(a) 第 672 帧的原始图像

(b) 第 672 帧的前景图像

(c) 第 672 帧的色块分割结果

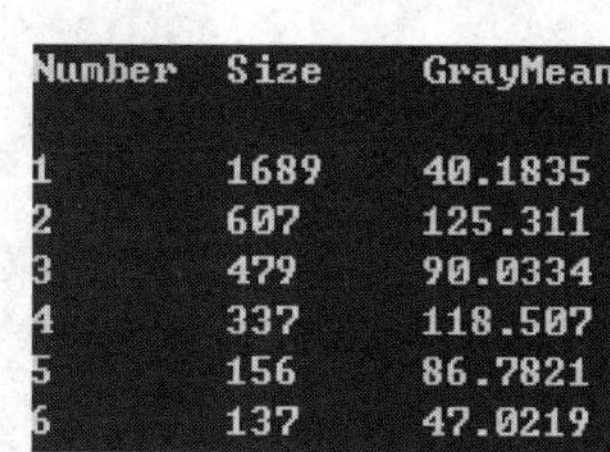

Number	Size	GrayMean
1	1689	40.1835
2	607	125.311
3	479	90.0334
4	337	118.507
5	156	86.7821
6	137	47.0219

Number	Size	GrayMean
1	2358	45.014
2	1551	1.67505
3	712	80.3343
4	408	1.27206
5	237	63.2236
6	157	56.5924
7	141	132.525
8	129	55.4961
9	80	84.5375
10	61	44.2787
11	59	113.102
12	41	219.561

(d) 第 672 帧中各子图像的色块面积和色块颜色均值结果

(e) 第 673 帧的原始图像

(f) 第 673 帧的前景图像

(g) 第 673 帧的色块分割结果

Number	Size	GrayMean
1	1682	40.1082
2	687	97.4687
3	450	125.891
4	146	48.1438
5	138	125.725
6	127	124.157
7	58	152.086
8	45	124.067
9	44	98.1136

Number	Size	GrayMean
1	2567	45.9147
2	750	82
3	183	56.7814
4	139	55.9928
5	130	126.008
6	74	78.7973
7	65	114.8
8	48	136.604
9	46	125
10	45	68.1333
11	41	162.951

(h) 第 673 帧中各子图像的色块面积和色块颜色均值结果

图 3.7　视频 4 的色块面积与颜色均值特征提取结果

2. 颜色块拓扑信息分析实验

在色块拓扑结构信息分析过程中，拓扑特征由色块邻接拓扑矩阵表示。该拓扑矩阵能够转化成分块的拓扑矩阵形式，这些分块矩阵的每一块都对应着一个移动目标。本节中，图 3.8 显示的是对视频 3 进行拓扑特征提取的实验结果(与图 3.6 实验内容对应)。其中，图 3.8(a)显示的是视频 3 中第 278 帧的原始图像，图 3.8(b)显示的是图 3.8(a)的邻接拓扑矩阵。图 3.8(c)和图 3.8(d)与图 3.8(a)和图 3.8(b)类似，显示了第 279 帧的拓扑特征提取结果。在图 3.8(b)和图 3.8(d)中，第一行数值和第一列数值是拓扑矩阵的行标和列标，同时对应图像的颜色块序号，拓扑矩阵内部数值为 1 则代表该数值所在行和所在列代表的颜色块具有相邻关系。相反的，数值为 0 代表该数值所在行和所在列代表的颜色块不具有相邻关系。

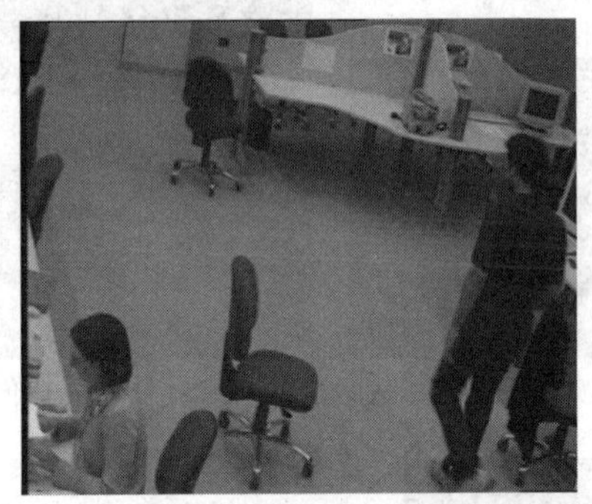

(a) 第 278 帧的原始图像

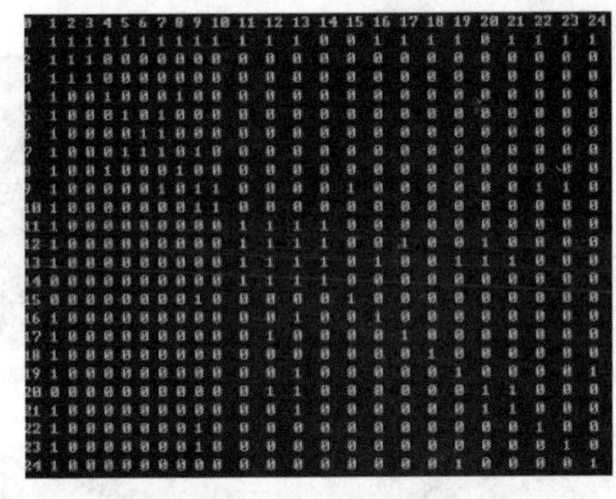

0	1	2	3	4	5	6	7	8	9	10	11	12	13	14	15	16	17	18	19	20	21	22	23	24
1	1	1	1	1	1	1	1	1	1	1	1	1	1	0	0	1	1	1	1	0	1	1	1	1
2	1	1	1	0	0	0	0	0	0	0	0	0	0	0	0	0	0	0	0	0	0	0	0	0
3	1	1	1	0	0	0	0	0	0	0	0	0	0	0	0	0	0	0	0	0	0	0	0	0
4	1	0	0	1	0	0	0	1	0	0	0	0	0	0	0	0	0	0	0	0	0	0	0	0
5	1	0	0	0	1	0	1	0	0	0	0	0	0	0	0	0	0	0	0	0	0	0	0	0
6	1	0	0	0	0	1	1	0	0	0	0	0	0	0	0	0	0	0	0	0	0	0	0	0
7	1	0	0	0	1	1	1	0	1	0	0	0	0	0	0	0	0	0	0	0	0	0	0	0
8	1	0	0	1	0	0	0	1	0	0	0	0	0	0	0	0	0	0	0	0	0	0	0	0
9	1	0	0	0	0	0	1	0	1	1	0	0	0	0	1	0	0	0	0	0	0	1	1	0
10	1	0	0	0	0	0	0	0	1	1	0	0	0	0	0	0	0	0	0	0	0	0	0	0
11	1	0	0	0	0	0	0	0	0	0	1	1	1	1	0	0	0	0	0	0	0	0	0	0
12	1	0	0	0	0	0	0	0	0	0	1	1	1	1	0	0	1	0	0	1	0	0	0	0
13	1	0	0	0	0	0	0	0	0	0	1	1	1	1	0	1	0	0	1	1	1	0	0	0
14	0	0	0	0	0	0	0	0	0	0	1	1	1	1	0	0	0	0	0	0	0	0	0	0
15	0	0	0	0	0	0	0	0	1	0	0	0	0	0	1	0	0	0	0	0	0	0	0	0
16	1	0	0	0	0	0	0	0	0	0	0	0	1	0	0	1	0	0	0	0	0	0	0	0
17	1	0	0	0	0	0	0	0	0	0	0	1	0	0	0	0	1	0	0	0	0	0	0	0
18	1	0	0	0	0	0	0	0	0	0	0	0	0	0	0	0	0	1	0	0	0	0	0	0
19	1	0	0	0	0	0	0	0	0	0	0	0	1	0	0	0	0	0	1	0	0	0	0	1
20	0	0	0	0	0	0	0	0	0	0	0	1	1	0	0	0	0	0	0	1	1	0	0	0
21	1	0	0	0	0	0	0	0	0	0	0	0	1	0	0	0	0	0	0	1	1	0	0	0
22	1	0	0	0	0	0	0	0	1	0	0	0	0	0	0	0	0	0	0	0	0	1	0	0
23	1	0	0	0	0	0	0	0	1	0	0	0	0	0	0	0	0	0	0	0	0	0	1	0
24	1	0	0	0	0	0	0	0	0	0	0	0	0	0	0	0	0	0	1	0	0	0	0	1

(b) 图 3.8(a)的邻接拓扑矩阵

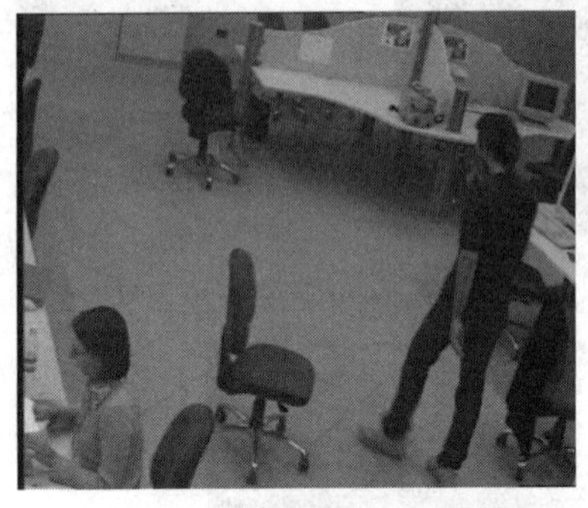

(c) 第 279 帧的原始图像

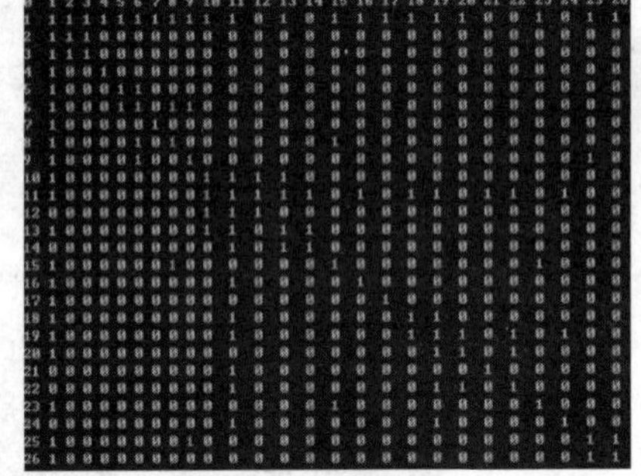

0	1	2	3	4	5	6	7	8	9	10	11	12	13	14	15	16	17	18	19	20	21	22	23	24	25	26
1	1	1	1	1	1	1	1	1	1	1	1	0	1	0	1	1	1	1	1	1	0	0	1	0	1	1
2	1	1	1	0	0	0	0	0	0	0	0	0	0	0	0	0	0	0	0	0	0	0	0	0	0	0
3	1	1	1	0	0	0	0	0	0	0	0	0	0	0	0	0	0	0	0	0	0	0	0	0	0	0
4	1	0	0	1	0	0	0	0	0	0	0	0	0	0	0	0	0	0	0	0	0	0	0	0	0	0
5	1	0	0	0	1	1	0	0	0	0	0	0	0	0	0	0	0	0	0	0	0	0	0	0	0	0
6	1	0	0	0	1	1	0	1	1	0	0	0	0	0	0	0	0	0	0	0	0	0	0	0	0	0
7	1	0	0	0	0	0	1	0	0	0	0	0	0	0	0	0	0	0	0	0	0	0	0	0	0	0
8	1	0	0	0	0	1	0	1	0	0	0	0	0	0	1	0	0	0	0	0	0	0	0	0	0	0
9	1	0	0	0	0	1	0	0	1	0	0	0	0	0	0	0	0	0	0	0	0	0	0	0	1	0
10	1	0	0	0	0	0	0	0	0	1	1	1	1	0	0	0	0	0	0	0	0	0	0	0	0	0
11	1	0	0	0	0	0	0	0	0	1	1	1	1	1	0	1	0	1	1	0	1	1	0	1	0	0
12	0	0	0	0	0	0	0	0	0	1	1	1	0	0	0	0	0	0	0	0	0	0	0	0	0	0
13	1	0	0	0	0	0	0	0	0	1	1	0	1	1	0	0	0	0	0	0	0	0	0	0	0	0
14	0	0	0	0	0	0	0	0	0	0	1	0	1	1	0	0	0	0	0	0	0	0	0	0	0	0
15	1	0	0	0	0	0	0	1	0	0	0	0	0	0	1	0	0	0	0	0	0	0	1	0	0	0
16	1	0	0	0	0	0	0	0	0	0	1	0	0	0	0	1	0	0	0	0	0	0	0	0	0	0
17	1	0	0	0	0	0	0	0	0	0	0	0	0	0	0	0	1	0	0	0	0	0	0	0	0	0
18	1	0	0	0	0	0	0	0	0	0	1	0	0	0	0	0	0	1	1	0	0	0	0	0	0	0
19	1	0	0	0	0	0	0	0	0	0	1	0	0	0	0	0	0	1	1	1	0	1	0	1	0	0
20	1	0	0	0	0	0	0	0	0	0	0	0	0	0	0	0	0	0	1	1	0	1	0	0	0	0
21	0	0	0	0	0	0	0	0	0	0	1	0	0	0	0	0	0	0	0	0	1	0	0	0	0	0
22	0	0	0	0	0	0	0	0	0	0	1	0	0	0	0	0	0	0	1	1	0	1	0	0	0	0
23	1	0	0	0	0	0	0	0	0	0	0	0	0	0	1	0	0	0	0	0	0	0	1	0	0	0
24	0	0	0	0	0	0	0	0	0	0	1	0	0	0	0	0	0	0	1	0	0	0	0	1	0	0
25	1	0	0	0	0	0	0	0	1	0	0	0	0	0	0	0	0	0	0	0	0	0	0	0	1	1
26	1	0	0	0	0	0	0	0	0	0	0	0	0	0	0	0	0	0	0	0	0	0	0	0	1	1

(d) 图 3.8(c)的邻接拓扑矩阵

图 3.8　视频 3 的色块拓扑特征提取结果

3.4.3　特征匹配和移动跟踪实验与分析

部分跟踪结果如图 3.9 所示，ε 为颜色阈值，同一颜色块内像素间颜色差异不大于 ε；T_{size} 为颜色块面积阈值，颜色块面积不小于 T_{size} 记为有效颜色块。不同实验中参数阈值有所变化。在图 3.9(a)中，ε=(20, 20, 20)，T_{size}=100；在图 3.9(b)和图 3.9(c)中，参数设置为 ε=(20, 20, 20)，T_{size}=40；在图 3.9(d)中，参数设置为 ε=(20, 20, 20)。图 3.9 中矩形框标识的是跟踪到的移动目标，并在矩形框的左上角表示了该移动目标的编号(如果左上角没有地方则在右上角标识，依次是左下角、右下角)，具有相同编号的目标为同一目标。图 3.9(a)是一段交通监控视频，其移动目标通常为车辆，由于车辆为刚体，对于车辆的跟踪相对比较容易。车辆通常由一个或若干个大的颜色块组成，不易发生大幅度形变，其颜色块之间位置关系比较稳定。

图 3.9(b)和图 3.9(c)是室内场景，其光线变化较少。与室外场景相比，其提取的目标特征信息要更准确，因此，这类视频跟踪表现较好，如图 3.9(b)和图 3.9(c)所示。值得注意的是，在图 3.9(c)的第 1016 帧中目标 1 和目标 2 交错时，目标 1 被目标 2 遮挡失去大部分特征信息，因此也被判断为是目标 2。此外，在图 3.9(c)的第 1023 帧中，由于目标 1 的特征信息是被保存于特征仓库中的，当目标交错完成而目标 1 显露出来后，目标 1 就被迅速地识别了。

在图 3.9(d)中的实验是室外场景多目标监控。在这个实验中，运动特征弱分类器比其他的弱分类器起到更重要的作用。在该图的第 1126 帧和第 1147 帧中，目标 21 实际上包含了两个移动目标(行人)，却被标记成了一个目标。这种情况发生是因为这两个移动目标从进入图像到离开图像的整个过程中都持续地挨在一起。需要注意的是，第 1626 帧的目标 28 和目标 29 就是第 1126 帧和第 1447 帧的目标 21，由于这两个移动目标离开图像后又分开重新进入图像，在特征仓库中实验无法匹配到合适的目标，因此实验只能将他们标记成新的目标。这种问题的解决还有待后续的研究。

(a) 交通监控视频

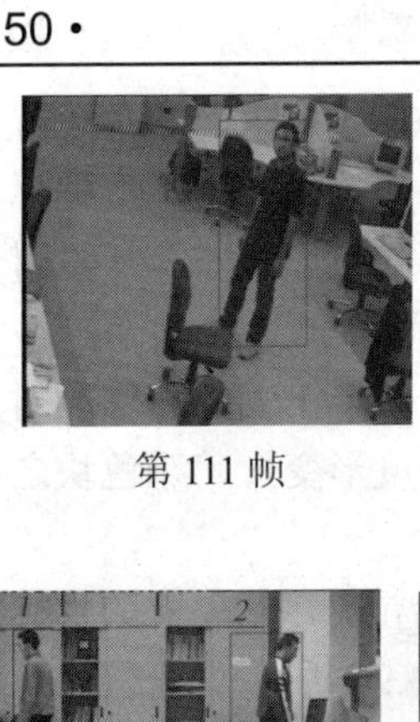

第 111 帧　第 129 帧　第 238 帧　第 430 帧

(b) 室内场景监控(1)

第 796 帧　第 798 帧　第 1000 帧　第 1004 帧

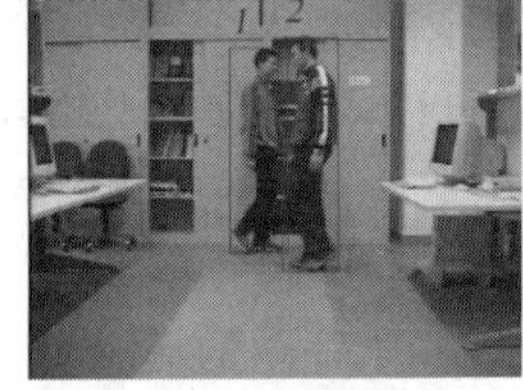

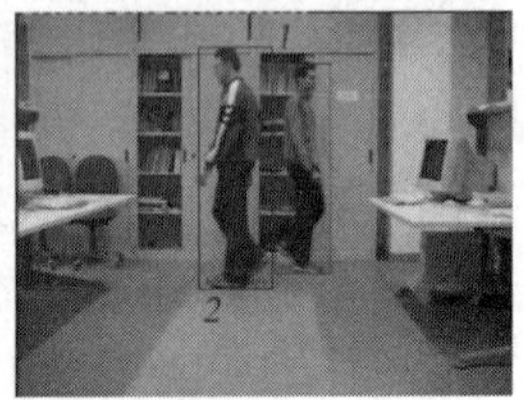

第 1009 帧　第 1016 帧　第 1023 帧　第 1029 帧

(c) 室内场景监控工(2)

第 144 帧　第 1126 帧　第 1447 帧　第 1626 帧

(d) 室外场景多目标监控

图 3.9　室内场景和室外场景的跟踪实验

3.4.4　与经典目标跟踪算法比较实验与分析

本节将 MTATI 方法与 Mean Shift 方法、Cam Shift 方法、光流法和粒子滤波方法的跟踪效果在上述视频序列中进行了重复实验，比较分析结果如下。

1. Mean Shift 方法与 MTATI 方法对比

分别在视频 1、视频 2 和视频 3 上使用 Mean Shift 方法和 MTATI 方法进行重复实验，发现 Mean Shift 方法在出现遮挡、目标短时间离开和背景复杂等类似情况时，跟踪效果较差。部分实验结果如图 3.10 所示。

(a) 视频 1 第 36 帧选定目标　(b) 视频1第302帧　(c) 视频1第314帧

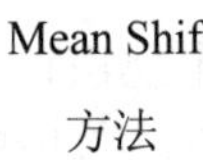

Mean Shift 方法

(d) 视频2第241帧选定目标　(e) 视频2第417帧　(f) 视频2第490帧

(g) 视频3第63帧选定目标　(h) 视频3第319帧

MTATI 方法

(i) 视频1第302帧　(j) 视频1第314帧　(k) 视频2第417帧

(l) 视频2第490帧

(m) 视频3第319帧

图 3.10　Mean Shift 方法与 MTATI 方法对比实验

由于 Mean Shift 方法需要人工选定跟踪目标，图 3.10(a)、图 3.10(d)、3.10(g)分别显示的是在视频图像中初始化选定目标时的情况。在图 3.10(b)和图 3.10(c)中，当目标被遮挡时和遮挡结束后，跟踪发生偏差。在视频 2 上进行的实验效果受初始化选定目标所在的位置影响较大，选定跟踪目标并且目标背景为身后文件柜白色区域时，可以正常完成跟踪；选定跟踪目标并且目标背景为身后文件柜书架部分时，后续跟踪出现错误，分别如图 3.10(e)和图 3.10(f)所示。在视频 3 上进行实验时，当目标短暂离开后再次出现时，跟踪出现错误，如图 3.10(h)所示。Mean Shift 方法在上述情况出现时，跟踪错误经常发生。MTATI 方法在上述情况下均能正确跟踪，分别如图 3.10(i)～图 3.10(m)所示。

2. Cam Shift 方法与 MTATI 方法对比

分别在视频 1、视频 2 和视频 3 上使用 Cam Shift 方法和 MTATI 方法进行重复实验。Cam Shift 方法与 Mean Shift 方法出现跟踪错误的情况类似，在出现遮挡、目标短时间离开和背景复杂等类似情况时跟踪效果不理想。部分实验结果如图 3.11 所示。其中，图 3.11(a)和 3.11(b)是遮挡情况发生时出现跟踪错误，图 3.11(c)是目标短暂离开又进入图像时跟踪发生错误。整个跟踪过程中，类似错误经常发生。在视频 1、视频 2 和视频 3 上，MTATI 方法能够正确完成跟踪。

Cam Shift 方法

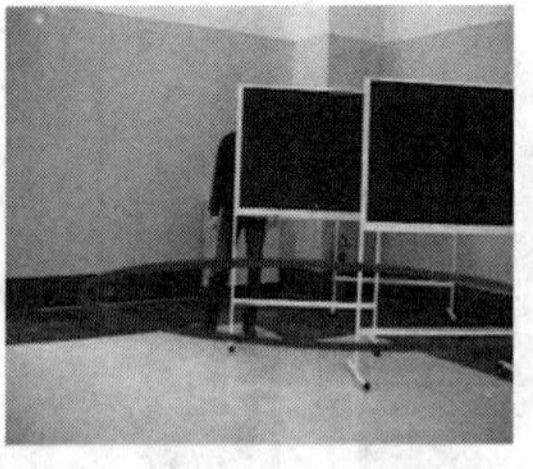

(a) 视频 1 第 141 帧

(b) 视频 1 第 364 帧

(c) 视频 3 第 319 帧

MTATI 方法

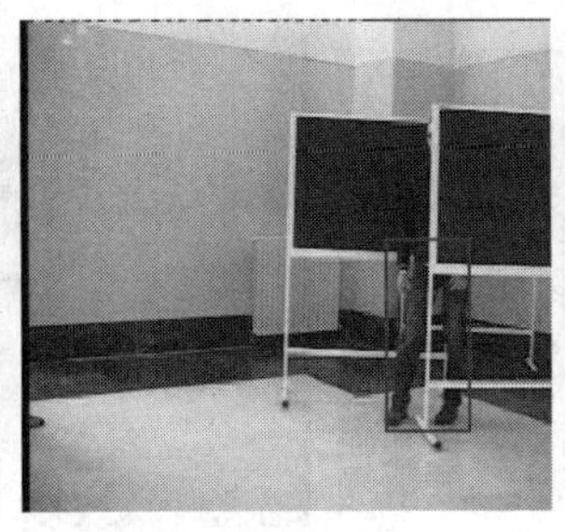

(d) 视频 1 第 141 帧　(e) 视频 1 第 364 帧　(f) 视频 3 第 319 帧

图 3.11　Cam Shift 方法与 MTATI 方法对比实验

3. 光流法与 MTATI 方法对比

分别在视频 1、视频 2 和视频 3 上使用光流法和 MTATI 方法进行重复实验。发现光流法比 Mean Shift 方法和 Cam Shift 方法的整体跟踪准确性好，与 MTATI 方法一样，均能进行正确跟踪。但是，光流法跟踪时间较长，对视频造成了延迟，实时性较差，而且当移动目标移动速度较慢时，跟踪效果也较差。MTATI 方法能够达到实时性。

4. 粒子滤波方法与 MTATI 方法对比

分别在视频 1、视频 2 和视频 3 上使用粒子滤波方法和 MTATI 方法进行重复实验，部分实验结果如图 3.12 所示。在视频 1 第 145 帧时由于目标部分被黑板遮挡，粒子滤波方法跟踪失效，如图 3.12(a)所示，这种情况在该视频上偶尔出现。粒子滤波方法在视频 2 上进行实验时，选定目标为从图像右侧进入的人，在视频 2 第 354 帧时跟踪目标丢失，跟踪失败，如图 3.12(b)所示；重新选定目标后跟踪至 662 帧时，粒子出现样贫，跟踪发生误差，如图 3.12(c)所示；在第 1263 帧时出现粒子退化，导致跟踪目标丢失，跟踪失败，如图 3.12(d)所示。粒子滤波方法在其他时间跟踪正常。MTATI 方法在整个实验内均能正确跟踪，分别如图 3.12(e)～3.12(h)所示。

粒子滤波方法

(a) 视频 1 第 145 帧　(b) 视频 2 第 354 帧　(c) 视频 2 第 662 帧

(d) 视频 2 第 1263 帧

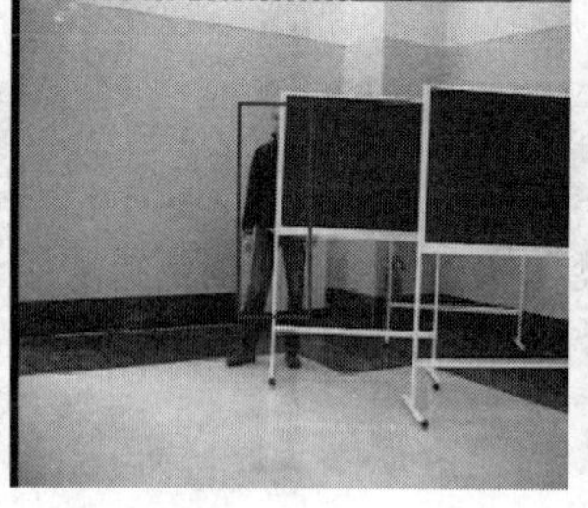

(e) 视频 1 第 145 帧

(f) 视频 2 第 354 帧

MTATI 方法

(g) 视频 2 第 662 帧

(h) 视频 2 第 1263 帧

图 3.12　粒子滤波方法与 MTATI 方法对比实验

通过上述实验可以看出，MTATI 方法与经典的视频目标跟踪算法相比，具有明显的优势。与 Mean Shift 方法和 Cam Shift 方法相比，MTATI 方法在出现遮挡、背景复杂等情况时的跟踪准确性更好；与光流法相比，MTATI 方法的效率更高；与粒子滤波方法相比，MTATI 方法没有粒子滤波方法的粒子退化、样贫等问题，跟踪具有更好的鲁棒性。

3.5 本章小结

本章针对视频移动目标跟踪过程中目标遮挡、形变等因素对目标跟踪效果造成影响的问题，提出了一种结合目标颜色块位置拓扑关系的视频目标跟踪方法(MTATI 方法)。首先，利用帧差法结合背景信息提取前景目标，按照颜色的相似程度对前景进行分块并提取目标颜色块位置相邻关系，建立拓扑矩阵。然后，将该拓扑关系作为匹配特征，使用相似性序列比对的思想，对目标的拓扑矩阵进行近似拓扑同构的判断，并结合目标的颜色块面积特征、色彩均值特征和运动学特征进行匹配运算，将多个特征融合成特征强分类器进行目标匹配，形成跟踪。理论分析得到 MTATI 方法的计算复杂性是视频中帧的规模的多项式阶函数(3 次函数)，在实际目标跟踪中是可以接受的。通过对室内外场景的多类实验结果显示，应用颜色块位置拓扑信息作为特征，对于非刚体跟踪来说是非常有效的一个特征。在实际应用中该跟踪方法跟踪准确性良好，尤其是与视频目标跟踪领域的经典算法 Mean Shift 方法、Cam Shift 方法、光流法和粒子滤波方法的实验比较，可以表明 MTATI 方法在有效性和鲁棒性上的优越性。

第 4 章　分布式视频移动目标跟踪

在实际应用中，通常会对进入视频监控的全部目标进行跟踪，因此传统方法中以某个跟踪目标为前景，其他移动物体与静止背景统一做为背景的跟踪方式变得越来越不适用。当待跟踪的目标数量较多时，视频移动目标跟踪的计算量增大，跟踪的实时性就很难保证。这时，设计一种能对固定背景中的多跟踪目标进行分割并依次跟踪的新的移动目标跟踪方法成为迫切的需要。本章针对视频移动目标跟踪的分布式方法进行研究，首先结合图像的拓扑信息对前景目标进行分割，然后对分割后的目标进行动态的分布式跟踪，并通过实验验证该分布式视频移动目标跟踪方法的正确性与实时性。本章最后进行了总结。

4.1　分布式视频目标跟踪技术

目标跟踪方法只有具有较好的准确性和实用性，才具有实际应用的价值。尤其是在一些视频应用中，跟踪方法常常要求与帧频保持一致。当准确性提高时，通常会有比较大的时间花费，如何均衡准确性和实时性之间的关系，同样是非常关键的问题。

目前关于视频目标跟踪的分布式研究主要有两个方面：一种是多视角协同分布式目标跟踪方法的研究，即使用多台智能摄像机对目标进行精确跟踪。各视角在本地完成视频数据的采集和处理，并通过网络与其他视角进行信息的交互和融合。另一种是类似于文件或文本的分布式处理方式，将视频图像以帧为单位分配给不同处理器进行目标匹配与跟踪。这种跟踪方法加强了处理器的处理能力，是一种“文件式”的分布式方法，并不是“目标式”的分布式方法。

基于视频移动目标跟踪的实时性问题，本章提出了一种动态的分布式跟踪方法，该方法能够以目标为单位分配给不同处理器进行视频移动目标跟踪。

4.2　使用拓扑矩阵分割目标

分布式的视频移动目标跟踪过程(Distributed moving target tracking process)如下：首先，

通过动态重建背景方法进行建立背景；然后，对多特征信息进行融合以降低相似背景和其他前景的干扰，在跟踪过程中对全部构成前景的目标的拓扑矩阵及其拓扑相似性进行判断，通过对拓扑矩阵的性质进行分析，可以将前景分割成多个目标。此外，为了达到实时跟踪的效果，本章将该跟踪算法应用到分布式环境中，让子节点(worker 节点)从主节点(master 节点)处接收不同目标，当目标未与其他目标有相互遮挡时，让子节点对已分配的目标自由跟踪。这样，既避免了由于前景过大而产生的目标匹配时的计算开销，又能有效地通过分割前景降低匹配时的失败率。分布式视频移动目标跟踪过程如图 4.1 所示。

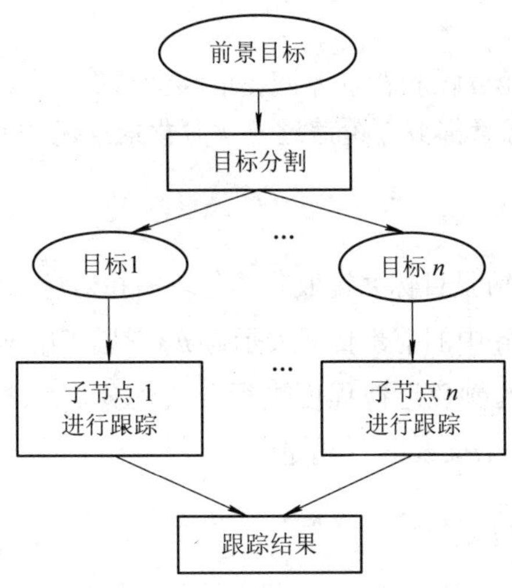

图 4.1　分布式移动目标跟踪过程

4.2.1　前景目标提取

首先使用三差帧法得到部分背景。为了减少亮度变化(光照变化、阴影等)的影响，在第 n 帧中使用阈值 M_n 得到图像 F_n：

$$F_n = \{p \mid p \in I \cap p_n - p_{n-1} < M_n \cap p_{n+1} - p_n < M_{n+1}\} \tag{4.1}$$

其中，I 代表帧中像素点全集，p 代表某像素点，N 代表像素点数量，并且

$$M_n = \frac{1}{N}\sum_{p \in I} | p_i - p_{i-1} | \tag{4.2}$$

通过三帧差法得到伪背景 $P_n(F)$，去除伪背景中由于前景重复造成的噪声：假设 $S_n = I - F_n$，令

$$B_n = F_n - U_{p \in D_n} p \tag{4.3}$$

其中，

$$D_m = \max \bigcup p(x_p, y_p), x_p \in S_n \text{ or } y_p \in S_n \tag{4.4}$$

设 B_i 是利用帧差法从第 $i-2$、$i-1$ 和第 i 帧中提取的背景像素点，利用下式建立背景：

$$I_n(P_i^n, \text{Color}_j^n, \varphi_i^n) = \bigcup_{p \in B_i} \text{pixel}(p, \text{color}), < p, \text{color} >) \tag{4.5}$$

其中，P_i^n 代表点集，Color_i^n 代表颜色集合，φ_i^n 代表点 p 和其对应颜色值 color 的二元关系 $<p, \text{color}>$。

然后，利用帧差法在第 n 帧和背景 I_n 间提取移动目标。

当初始背景 I 中所有像素都被 I_n 覆盖过一次时背景重建结束。

4.2.2　多目标分割

重建背景 I_n 后，分割前景目标并提取其颜色块拓扑信息，假设第 n 帧表示为 $R_n(P_r^n$，Color_r^n，$\varphi_r^n)$，背景为 I_n，R_n 中的前景目标表示为 $E_n(P_e^n$，Color_e^n，$\varphi_e^n)$，则有 $E_n = R_n - I_n$。

将 E_n 按照其像素点的颜色近似程度进行分块，分块后表示为 S_n^k $(k=1, 2, \cdots)$，即 $E_n = \{S_n^k\}_{k=1,2\cdots}$，其中 $S_n^k = \{P_S, \text{color}_k\}$ 满足

$$\forall p_i(x_i, y_i), \exists p_j(x_j, y_j), p_i \in P_s \wedge p_j \in P_s \wedge (|x_i - x_j| + |y_i - y_j| = 1)$$

是永真式。P_s 代表像素点位置集合，color_k 代表该颜色块颜色统计结果，即颜色均值。

按照上述方法，将前景 E_n 划分成若干单色连通区域 S_n^k。然后，利用下式建立前景 E_n 的拓扑矩阵：

$$\boldsymbol{T}_E^n = [t_E^n(i, j)]_{m \times m}$$

其中，

$$t_E^n(i, j) = \{\exists p_a(x_a, y_a), \exists p_b(x_b, y_b), p_a \in S_n^i \wedge p_b \in S_n^j \wedge (|x_a - x_b| + |y_a - y_b|) = 1\} \tag{4.6}$$

当前景拓扑矩阵建立完成后，利用该矩阵对移动目标进行分割。使用初等变换矩阵 $\boldsymbol{E}(i,j)$ 对 $\boldsymbol{T}_E^n$ 进行变换，将 $\boldsymbol{T}_E^n$ 转换成与等价的块对角矩阵 $\boldsymbol{D}_E^n$，转换过程如下式所示：

$$\boldsymbol{D}_E^n = E(i_k, j_k) \cdots E(i_1, j_1) \boldsymbol{T}_E^n E(i_1, j_1) \cdots E(i_k, j_k) = \begin{bmatrix} D_1 & \cdots & 0 \\ \vdots & \ddots & \vdots \\ 0 & \cdots & D_{h_n} \end{bmatrix} \tag{4.7}$$

算法 4.1 为块对角矩阵 $\boldsymbol{D}_E^n$ 转化算法。

算法 4.1　块对角矩阵转化方法

输入：$\boldsymbol{T}_E^n(k\times k)$($\boldsymbol{T}$ 为 k 行 k 列的对称矩阵)。

输出：$\{D_i\}_{i=1\cdots h}$。

步骤 1：令 p 表示处理节点位置，初始化 $p=1$；$i=1$ 表示开始位置；$j=k$ 表示结束位置。

步骤 2：对于给定 p，检查第 p 行，找到第一个 $\boldsymbol{T}[p\cdot i]=0$ 的 i 值和最后一个 $\boldsymbol{T}[p\cdot j]=1$ 的 j 值，交换 $\boldsymbol{T}_E^n$ 中第 i 行和第 j 行的数据，交换 $\boldsymbol{T}_E^n$ 中第 i 列和第 j 列的数据。

步骤 3：在数组 A 中对交换位置(p, i, j)进行记录。

步骤 4：令 $i=i+1$，$j=j-1$，重复步骤 2 到步骤 4 直到 $i<j$。

步骤 5：令 $p=p+1$，重复步骤 2 到步骤 5 直到 $p>k$。

算法结束。

定理 4.1　块拓扑矩阵$\{D_i\}_{i=1\cdots h}$表明在连通区域 S^k 之间无公共像素。

证明：(1) 根据拓扑矩阵 $\boldsymbol{t}_E$ 的定义显然可知：任取 $\boldsymbol{t}_E$ 中两不同元素 $t_E(i, j)$与 $t_E(i', j')$，则这两个元素必然反映不同的色块对之间的拓扑信息。换言之，就是这两个元素不能都是反映同样的两个色块 S^k 与 S^k之间的拓扑信息的。

(2) 集合$\bigcup_{i=1}^{h}D_i$与 T_E 之间构成双射。

从 $\boldsymbol{D}_E$ 的定义可知 $\boldsymbol{D}_E=E(i_k, j_k)\cdots E(i_1, j_1)\boldsymbol{T}_E E(i_1, j_1)\cdots E(i_k, j_k)$，而所有的 $E(i, j)$显然均为双射，则可知集合$\bigcup_{i=1}^{h}D_i$和 T_E 之间的映射也是双射。

(3) 分离的移动目标中连通色块的拓扑信息与 D 中的块拓扑矩阵构成双射。

假定在一个移动目标 C 中存在 k 个单色块区域 $S^i_{i=1\cdots k}$，显然这 k 个区域是彼此之间连通的。当然，对那些由于前景或背景的遮挡而被动地分为若干块的一个移动目标，可当作多个移动目标(多色的连通区域)进行处理。因此一般情况下，每一个 S^i 都至少会连接一个不同的 S^j 且满足 $t_E(i, j)=t_E(j, i)=1$。对于那些自己是一个单色连通块的区域，由于其拓扑矩阵为空矩阵，因此可以(也只能)用传统方法进行跟踪，不予考虑。接下来，假定又存在 q 使 $t_E(j, q)=t_E(q, j)=1$，则考察 S^i、S^j 与 S^q 的拓扑关系可知，它们一定落入相同的块对角矩阵 D_n 中。这是因为当 $t_E(i, j)=t_E(j, q)=1$ 时，$t_E(i, j)$与 $t_E(j, q)$一定在相同的 D_n 中，详细证明如下所示。

当 $t_E(i, j)=1$ 时，根据定义可知色块 S^i 与 S^j 相邻(连通)；同时 $t_E(j, q)=1$ 说明色块 S^j 与 S^q 连通。因此，由拓扑同构的概念可知包含色块 S^i 的子块拓扑矩阵必然与包含色块 S^j 的子块拓扑矩阵相同。否则，不冲突的(因为 i 与 j 可互换)，必然存在至少一点 p_o 使同时满

足 p_o 连接 S^i 且 p_o 不连接 S^j。则由 t_E 的定义可知 $t_E(i, j) \neq 1$，而 $t_E(i, j) \neq 1$ 等价于 S^i 与 S^j 不连通，与题设矛盾。

同理可知，包含色块 S^j 的子块拓扑矩阵必然与包含色块 S^q 的子块拓扑矩阵相同。因此，这三个子块拓扑矩阵 S^i、S^j 和 S^q 都落在同一个 D_n 中。反之亦然，即同一个 D 中的所有元素对应的同色块的拓扑信息均来源于同一个移动目标。这是因为若出现多个 D_i 对应同一个 C 的情况，则认为 C 可以相对于这些 D_i 做一个划分，而这与 C 的定义是矛盾的。

综上，定理 4.1 得证。

由**定理** 4.1 可知，前景可以划分成互补交错的 h_n 块，其中 n 代表第 n 帧。由于定理 4.1 可以适用于任意帧，所以去掉了下标 n。

4.3　基于目标分割的动态分布式跟踪方法

本节提出一种动态的分布式跟踪算法(Distributed Moving Tracking with Approximate Topological Isomorphism，D-MTATI)来解决多目标跟踪问题。对于所有计算节点 h_n，将拓扑矩阵按块 D_i 分配给 h_n 进行计算。特征数据在计算节点并行提取，考虑块 D_i 的不同情况，使用不同分割和分发方法。

(1) D_i 是完整目标且其移动行为未与其他目标或内容交错。

当 D_i 是完整目标而且与其他目标或内容没有交错行为时，使用一个普通的计算节点 n_i 对其进行跟踪，跟踪方法参见第 2 章。

(2) D_i 是目标的一部分且与该目标的其他部分没有交错行为。

当目标的一部分能够被跟踪，就等同于目标能被跟踪，同样可以使用普通计算节点 n_i 对其跟踪，此时可以使用近似拓扑同构的方法跟踪该目标的一部分，进而达到跟踪目标整体的效果，参见第 3 章。

(3) 部分 D_i 包含一个目标的一部分，此外还有一些 D_j 并不包含该目标的任何部分。

这种情况是由于目标间交错遮挡或者背景干扰造成的，可使用节点间协作的方式完成跟踪。

综上，此处提出一种动态分布式目标跟踪算法，参见算法 4.3。其中的移动特征获取可由算法 4.2 给出。

算法 4.2　移动特征提取算法

输入：重建的背景 B 和分配的(部分)移动目标 D_i。

输出：D_i 的移动特征，包括速度特征、加速度特征和移动方向特征。

步骤 1：下式定义了目标的移动方向，其中 $po_n(x, y)$ 代表第 n 帧中目标 D_i 的“质心”。

$$d_{n,i}=\begin{cases}\arctan\left(\dfrac{po_{n+1}\cdot x-po_n\cdot x}{po_{n+1}\cdot y-po_n\cdot y}\right)+\dfrac{\pi}{2}, & \text{if } po_{n+1}\cdot y-po_n\cdot y<0\\ \pi/2, & \text{if } po_{n+1}\cdot y-po_n\cdot y=0\\ \arctan\left(\dfrac{po_{n+1}\cdot x-po_n\cdot x}{po_{n+1}\cdot y-po_n\cdot y}\right)-\dfrac{\pi}{2} & \text{if } po_{n+1}\cdot y-po_n\cdot y>0\end{cases} \tag{4.8}$$

步骤 2：计算第 n 帧中给定目标 D_i 的速度。

$$Sp_{n,i}=(po_{n+1}\cdot x-po_n\cdot x)^2+(po_{n+1}\cdot y-po_n\cdot y)^2$$

步骤 3：计算第 n 帧中给定目标 D_i 的加速度。

$$a_{n,i}=Sp_{n+1,i}-Sp_{n,i}$$

算法结束。

算法 4.2 中，“质心”指目标 D_i 的外接矩形的中心。

接着，根据下述算法 4.3 进行分布式运算：

算法 4.3　动态分布式目标跟踪算法

· master 节点

master 节点职责

步骤 1：如果背景 B 尚未重建完成，则重建背景 B。

步骤 2：如果当前帧 F_p 为空，则跟踪结束。

步骤 3：计算当前帧中 F_p 的 h_p，如果 $h_p > h_n$ (初始化 $h_n = 0$)，则改变节点编号 h_p–h_n 为 h_n+1～h_p；否则 h_n=h_p。

步骤 4：对于所有新的 worker 节点，发送 B；对于所有 worker 节点，发送 F_n。

步骤 5：如果第 i 个 worker 节点发来信息(i, end)，则释放第 i 个 worker 节点。

步骤 6：改变节点编号 $i+1^{\text{th}}$~n^{th} 为 i^{th}~n-1th。

步骤 7：如果 worker 节点 i 返回信息($d_{n,i}$, position)，则标记 $d_{n,i}$ 目标方向和位置。

· worker 节点

worker 节点职责

步骤 1：如果 master 节点发送背景信息(B)，则保存 B。

步骤 2：如果 master 节点发送图像信息(F_n)，则使用 B 和 F_n 计算 D_E^n。

步骤 3：如果 D_i=0，返回 master 节点信息(i, end)，则结束。

步骤 4：使用运动信息 $d_{n,i}$、$Sp_{n,i}$、$a_{n,i}$ 选择块 D_i 对应的前景并返回其中心位置信息。

步骤 5：通过之前和当前计算的中心点位置计算 $d_{n,i}$、$Sp_{n,i}$、$a_{n,i}$。

步骤 6：向 master 节点返回方向和位置信息($d_{n,i}$, position)。

算法结束。

算法 4.3 参考了 Kim H.、Tsai J.和 Sharma R.等人的算法(文献[15]和文献[16])。在该算法中，为每个 worker 节点配置跟踪算法，master 节点申请释放资源，发送图像到 worker 节点，标记目标方向。通过实验可以证明这种动态的分布式跟踪方法可以提高跟踪的效率。

下面对分布式视频移动目标跟踪的可用性进行分析。

在 master 节点处可以进行的计算步骤有“提取前景”、“色块分割”、“拓扑矩阵生成”、“块矩阵提取”。其中提取前景步骤计算次数较少，可以忽略不计，因此主要时间消耗在拓扑矩阵生成和块矩阵提取部分。块对角矩阵的计算复杂度为 O(k2s2)，计算时间远低于移动物体跟踪的时间，由第 3 章的实验过程可知，这部分的计算时间可以满足实时性。

在 worker 节点处可以进行的计算步骤有“移动物体跟踪”，由于单块子矩阵的值比较小，所以这部分的计算规模应该较小，可以满足实时性。

因此，在不计通信时间的情况下，整体分布式视频移动目标跟踪算法理论上可以满足实时性要求。

4.4　算法实验与分析

本章在若干背景简单和背景复杂的室内场景视频中进行了实验并进行了分析，视频来自于文献[14] 建立的测试视频数据集。主要进行的三种实验分别是移动特征实验、颜色块分割实验和动态分布式跟踪方法实验。通过实验验证了上节提出的动态分布式目标跟踪算法的正确性。

4.4.1　移动特征实验与分析

首先，使用视频 1 对算法 4.2 进行实验。图 4.2 展示的是该视频中的连续 3 帧原始图像。

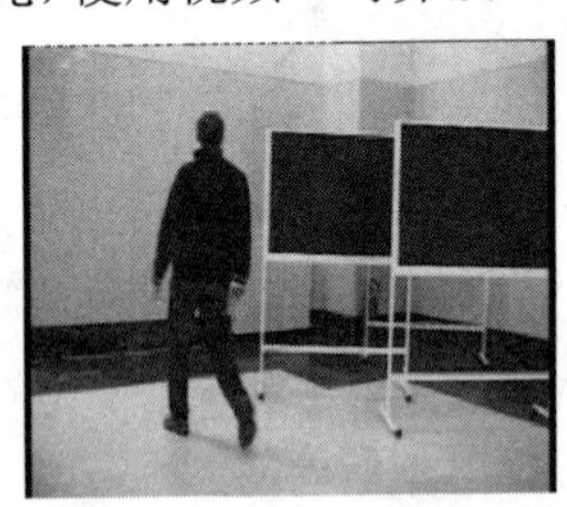

(a) 第 46 帧

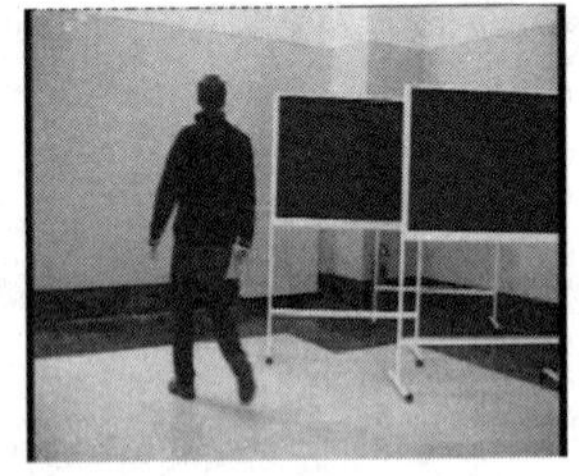

(b) 第 47 帧

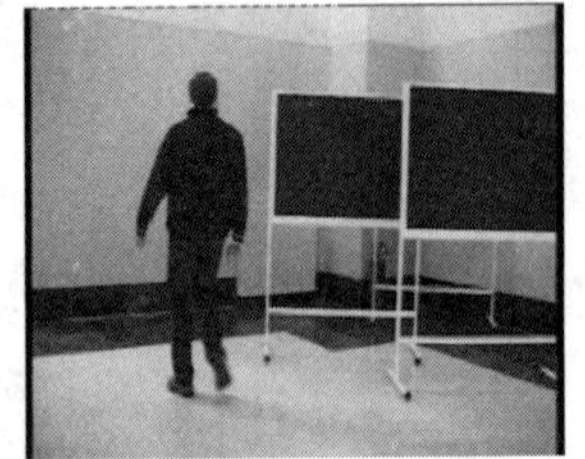

(c) 第 48 帧

图 4.2　视频 1 中的连续 3 帧(第 46 帧、第 47 帧、第 48 帧)原始图像

使用第 2 章的 DBR 方法建立背景(也可以使用给定背景)，通过帧差法计算当前帧和背

景之间的差别，即为前景。背景如图 4.3 所示，前景如图 4.4 所示。

图 4.3　视频 1 的背景

(a) 第 46 帧

(b) 第 47 帧

(c) 第 48 帧

图 4.4　视频 1 的前景(第 46 帧、第 47 帧、第 48 帧)

本节实验仅进行了移动特征计算，在该实验中，前景分成了两个部分，分别是前景 1 和前景 2。在第 46 帧、第 47 帧和第 48 帧中，实验分别计算了这 3 帧中的 6 个中心位置 $C_{46,1}$、$C_{46,2}$、$C_{47,1}$、$C_{47,2}$、$C_{48,1}$ 和 $C_{48,2}$，然后计算速度、加速度和方向信息。计算结果见表 4.1。

表 4.1　视频 1 第 46 帧、第 47 帧、第 48 帧的移动特征

帧号		移动特征			
		中心点坐标	方向 ($-\pi\sim\pi$)	速度(像素/帧)	加速度(像素/帧 ^{2})
46	46-1	(109, 121)	×	×	×
	46-2	(236, 123)	×	×	×
47	47-1	(104, 115)	0.72π (129.83°)	7.81	×
	47-2	(241, 128)	−0.25π (−45°)	7.07	×
48	48-1	(112, 111)	0.15π (26.53°)	8.94	1.13
	48-2	(233, 115)	0.68π (121.61°)	8.54	1.47

4.4.2 颜色块分割实验与分析

颜色分割实验在室内场景的视频 2 上进行，图 4.5 展示了视频 2 的第 278 帧和第 279 帧原始图像。

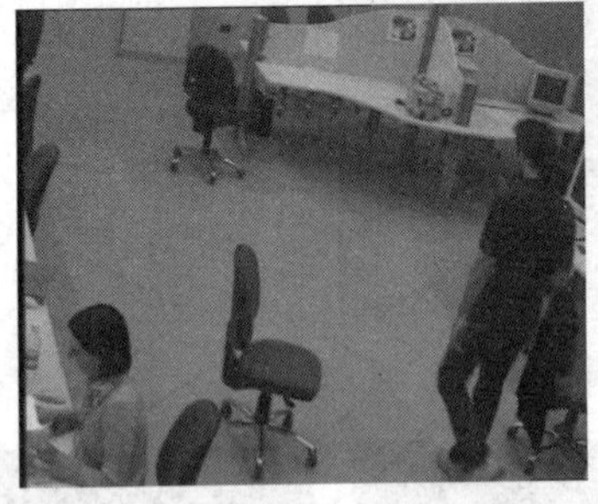

(a) 第 278 帧

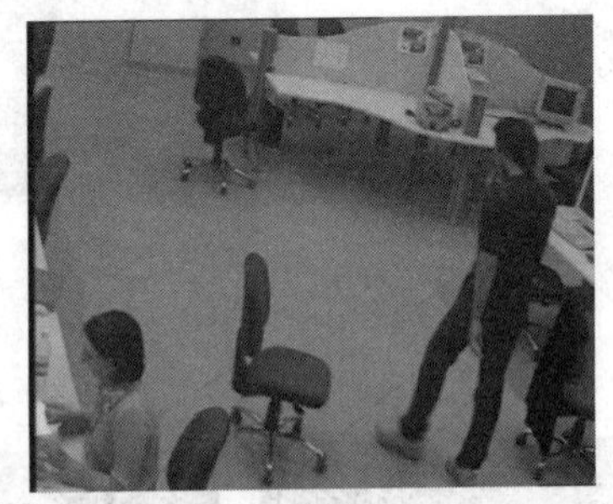

(b) 第 279 帧

图 4.5　室内场景中的连续 2 帧原始图像(第 278 帧和第 279 帧)

图 4.6 和图 4.7 分别是视频 2 的背景图像和前景图像。

图 4.6　视频 2 的背景图像

(a) 第 278 帧

(b) 第 279 帧

图 4.7　视频 2 的前景图像(第 278 帧和第 279 帧)

对视频 1 的第 46 帧、第 47 帧、第 48 帧和视频 2 的第 278 帧、第 279 帧进行色块分割。将面积过小的颜色块进行舍弃，面积阈值设置为 64，灰度阈值设置为 30。

在视频 1 的第 46 帧中共包含 2 个连通区域，划分了 1 块颜色块；2 个连通区域中分别是 6 块和 8 块(6，8)。第 47 帧中包含 2 个连通区域，划分了 15 个颜色块；2 个连通区域中分别是 6 块和 9 块(6，9)。第 48 帧中共有 2 个连通区域，划分了 13 个颜色块；2 个连通区域中分别是 6 块和 7 块(6，7)。

在视频 2 的第 278 帧中包含 2 个连通区域，共 19 个颜色块；2 个连通区域中分别是 5 块和 14 块(5, 14)。第 279 帧中包含 2 个连通区域，共 24 个颜色块；2 个连通区域中分别是 5 块和 19 块(5, 19)。视频 1 和视频 2 中的部分颜色块信息(平均灰度值、像素数和颜色块中心位置)见表 4.2。

表 4.2　视频 1 和视频 2 中颜色块信息(部分)

视频 1		颜色块信息		
		平均灰度值	像素数	颜色块中心位置
46	1	46.414	5546	(118, 120)
	2	3.172	628	(247, 136)
	…			
	13	119.58	76	(49, 122)
	14	2.92	73	(173, 123)
47	1	46.47	5539	(117, 117)
	2	65.63	425	(227, 137)
	…			
	14	2.55	66	(213, 124)
	15	2.03	65	(235, 130)
48	1	46.12	5598	(114, 112)
	2	51.87	414	(229, 102)
	…			
	12	3.69	91	(153, 135)
	13	3.06	65	(95, 82)
视频 2		颜色块信息		
		平均灰度值	像素数	颜色块中心位置
278	1	23.03	8053	(187, 300)
	2	107.61	2939	(260, 45)
	…			
	18	73.45	85	(269, 70)
	19	164.74	70	(285, 19)
279	1	22.82	6488	(192, 280)
	2	107.56	2911	(260, 46)
	…			
	23	3.01	76	(60, 295)
	24	159.66	73	(284, 18)

4.4.3　动态分布式跟踪方法实验与分析

在视频 3 上进行了动态分布式方法(D-MTATI 方法)实验，视频 3 是一个多人行走视频，其第 1048 帧和第 1049 帧原始图像如图 4.8 所示。该实验中，建立了颜色块的拓扑结构矩阵。

(a) 第 1048 帧

(b) 第 1049 帧

图 4.8　视频 3 中的连续 2 帧的原始图像(第 1048 帧和第 1049 帧)

图 4.9 和图 4.10 分别是视频 3 的背景图像和前景图像。

图 4.9　视频 3 的背景图像

(a) 第 1048 帧

(b) 第 1049 帧

图 4.10　视频 3 的前景图像(第 1048 帧和第 1049 帧)

首先，根据前景颜色块位置的拓扑关系建立拓扑矩阵(包括上述所有实验)，如图 4.11 所示。其中，矩阵第一行和第一列数据为颜色块序号，当第 i 个颜色块和第 j 个颜色块相邻时，对应矩阵元素$(i, j) = 1$。

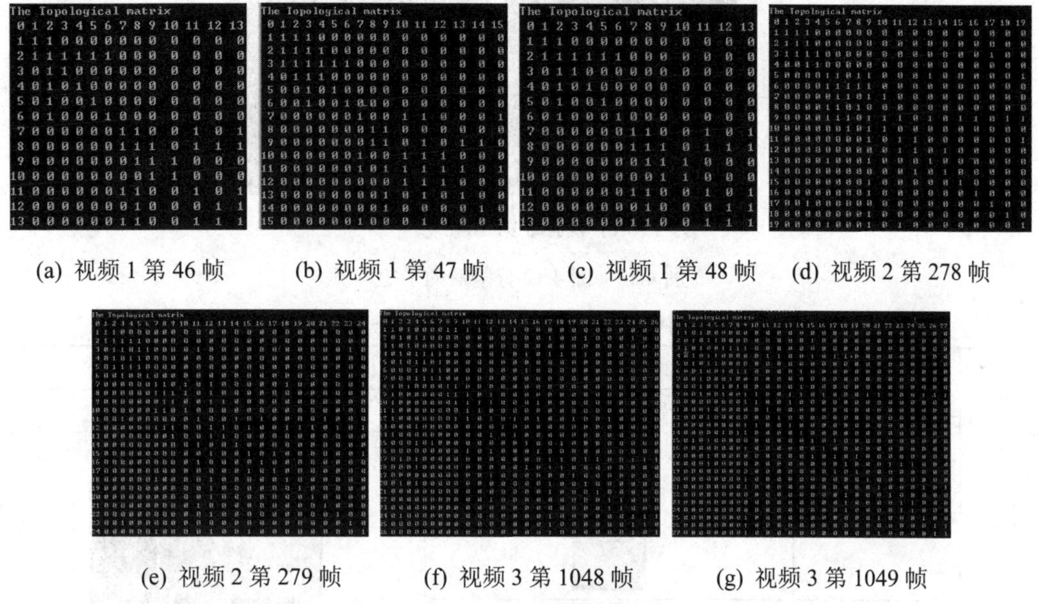

(a) 视频 1 第 46 帧　(b) 视频 1 第 47 帧　(c) 视频 1 第 48 帧　(d) 视频 2 第 278 帧

(e) 视频 2 第 279 帧　(f) 视频 3 第 1048 帧　(g) 视频 3 第 1049 帧

图 4.11　前景目标色块拓扑矩阵

然后，将拓扑矩阵转化为块对角矩阵形式，如图 4.12 所示。图 4.13 是对块对角矩阵划分后的结果。最后，这些小块被分发给 worker 节点进行并行运算。实验中分布式跟踪的前景目标分块情况见表 4.3。

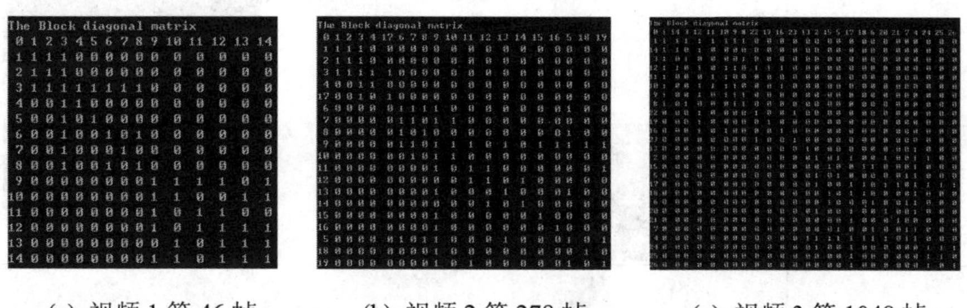

(a) 视频 1 第 46 帧　(b) 视频 2 第 278 帧　(c) 视频 3 第 1048 帧

图 4.12　图 4.11 对应的块对角矩阵(部分)

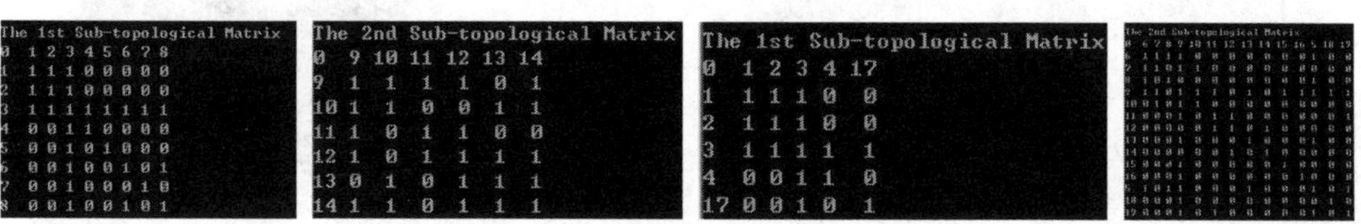

(a) 视频 1 第 46 帧　(b) 视频 2 第 278 帧

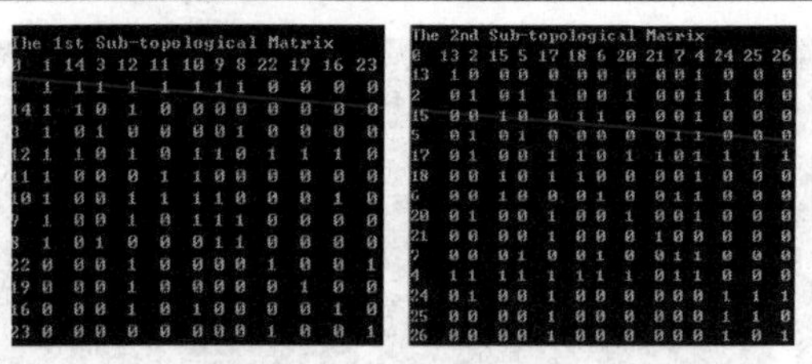

(c) 视频 3 第 1048 帧

图 4.13　图 4.12 分割后的子矩阵

表 4.3　实验中分布式跟踪的前景目标分块情况(部分)

帧号	worker 节点	前景目标块	
		分割后的目标块	背景
46	worker 节点 1		
	worker 节点 2		
278	worker 节点 1		
	worker 节点 2		
1048	worker 节点 1		
	worker 节点 2		

通过上述实验，可以验证本章所述的动态分布式跟踪方法的有效性。表 4.4 和表 4.5 列

出了这一组并行算法的时间花费情况。该实验在同一环境中运行 10 次以上。

此外，上述实验表明本章提出的视频目标分布式跟踪方法(D-MTATI 方法)能够达到实时性的要求。

表 4.4　视频 3 中的实验重要步骤时间花费

步　骤	时间花费
从视频获取图像	1.17～1.60 毫秒/帧
获取背景(背景重建)	1.05～1.83 毫秒
获取前景	0.07～0.16 毫秒/帧
生成拓扑矩阵	23.79～26.44 毫秒/帧
生成块对角矩阵	0.003～0.016 毫秒/帧
分发和接收信息	0.31～0.66 毫秒
worker 节点上进行目标跟踪	6.84～14.26 毫秒/目标

表 4.5　视频 1～3 的跟踪实验的时间花费

视频号	时 间 花 费				
	单机执行		并行(master 节点和 worker 节点)		
1(共 607 帧)	重复实验 10 次的平均时间	45.45 毫秒/帧	重复实验 10 次的平均时间	28.60 毫秒/帧	11.41 毫秒/帧
	重复实验 10 次的最坏时间	47.84 毫秒/帧	重复实验 10 次的最坏时间	33.18 毫秒/帧	12.96 毫秒/帧
2 (共 430 帧)	重复实验 10 次的平均时间	51.06 毫秒/帧	重复实验 10 次的平均时间	31.27 毫秒/帧	12.35 毫秒/帧
	重复实验 10 次的最坏时间	55.58 毫秒/帧	重复实验 10 次的最坏时间	33.84 毫秒/帧	13.18 毫秒/帧
3 (共 1606 帧)	重复实验 10 次的平均时间	61.79 毫秒/帧	重复实验 10 次的平均时间	34.48 毫秒/帧	13.37 毫秒/帧
	重复实验 10 次的最坏时间	64.22 毫秒/帧	重复实验 10 次的最坏时间	37.55 毫秒/帧	15.62 毫秒/帧

通常情况下，当前普通的视频帧频一般是 25 帧/秒。也就是说在想要保证实时性的情况下，每一帧处理时间不能超过 40 毫秒。从表 4.5 中可以看出，本章的多目标跟踪算法在单机执行时的平均时间超过 40 帧/秒，无法达到实时性。这种情况的具体表现为：在这一系列实验过程中，跟踪算法执行时视频不能保证正常播放(看起来比独自播放时“慢”)。

相反的，在使用了本章的分布式移动跟踪算法后，每帧的实际处理时间平均在 31 毫秒，每帧最坏处理时间也没有超过 40 毫秒。这种情况的具体表现为：在这一系列实验过程中，跟踪算法执行时并不影响视频的正常播放(即视频播放速度与直接播放时相同)。这说明本章的分布式跟踪算法是一种实时的算法，与前面的理论分析相吻合。

并行视频目标跟踪算法和单机视频目标跟踪算法相比，并行部分体现在 worker 节点的计算上，worker 节点由 master 节点管理和发布接收信息。因此，并行环境中所有计算机上跟踪时间的总和是 $t_{total} = t_{master} + num_{worker} \cdot t_{worker}$。计算表 4.5 中实验的时间，可以看到并行环境中跟踪时间的总和要比单机状态下多，多出部分主要是一些通信花费。

4.5 本章小结

本章提出了一种建立在使用前景拓扑信息对前景进行分割基础上的视频动态的分布式目标跟踪和识别方法(D-MTATI 方法)。传统移动目标跟踪方法通常只能对一个目标进行跟踪，当扩充到多个目标时，其计算量往往非常大，不能保证计算的有效性。本章对多移动目标跟踪算法的分布式实现进行了研究，首先通过在图像中提取整体前景获得全部待跟踪目标，其次对整体前景的颜色信息的拓扑结构特征进行提取，并用矩阵的相似性转换将前景按照其连通性分解成若干子目标进行跟踪，有效地降低了因为被跟踪目标过大、过多导致的时耗问题。同时，设计了合理的分布式调度算法，将分离出来的子目标分发给不同的 worker 节点进行跟踪，并实时申请或释放 worker 节点。通过对视频目标移动特征的实验和目标颜色块分割的实验表明，D-MTATI 方法有效地提高了多移动目标跟踪的效率，可以达到实时性标准。

第 5 章　总结与展望

5.1　总　　结

本书对视频目标检测和跟踪过程中的背景重建、多特征融合的目标跟踪方法及多目标跟踪的分布式方法等问题做了研究，具体包括以下三方面内容：

(1) 对动态的背景重建问题的研究解决了目前大多数跟踪都需要依赖已知背景的问题，并将传统图像背景建模的精度进一步提高。提出的动态的背景重建方法(DBR 方法)在背景重建的过程中能够克服背景复杂、成像设备抖动、亮度变化等情况对跟踪的不利影响。首先，通过分析视频序列间信息的关系，对若干帧序列间的前景和背景进行判断，获取目标模糊方向；然后，通过目标的模糊方向信息判断出被目标遮挡的背景位置，进而对整体背景进行动态补偿，建立完整背景；最后，在新建立的背景基础上进行目标检测和跟踪。通过对室内场景和室外场景的单目标和多目标的实验分析表明， DBR 方法对后续视频移动目标检测与跟踪提供了可靠的技术基础。

(2) 对结合近似拓扑同构信息的多特征融合的目标跟踪方法(MTATI 方法)进行了研究，具体成果包括三个方面：第一，找到了一组能够较好地反映移动目标特点的特征，提出将目标颜色块之间的位置关系作为目标匹配的重要特征之一，能够有效地解决将颜色成分相同而位置不同的其他背景识别为目标的问题；第二，参考序列相似性进行的近似拓扑同构性的判断，能够有效地解决由于部分颜色信息被掩盖导致的识别错误问题，为此类多特征融合的目标跟踪算法提供了新的思路；第三，将多个特征弱分类器组成级联强分类器建立目标判决模型，能够有效地解决目标在运动中经常出现的单一特征被掩盖的导致跟踪无法继续的问题。MTATI 方法提高了视频目标跟踪的准确性和识别效率。通过与经典视频目标算法的实验比较，可以看到 MTATI 方法具有更好的鲁棒性与有效性。

(3) 对多移动目标跟踪的分布式方法(D-MTATI 方法)的研究解决了多目标跟踪的计算量过大的问题。通过在图像中提取整体前景获得全部待跟踪目标，对整体前景的颜色信息的拓扑结构特征进行提取，并用矩阵的相似性转换，将前景按照其连通性分解成若干子目标进行跟踪，有效地降低了因为被跟踪目标过大、过多导致的时耗问题。同时，利用主节点的调度，使用多个计算机动态地、并行地对多个目标进行跟踪，取得了较好的时效性，实现了多移动目标的实时跟踪。通过对目标移动特征实验和目标颜色块分割实验，可以验证 D-MTATI 方法的正确性。此外，对跟踪时间花费的实验进行分析，可以看到 D-MTATI 方法有效地提高了多移动目标跟踪的效率，达到了实时性标准。

综上所述，本书在视频目标检测和跟踪领域对影响检测和跟踪效果的若干问题进行了研究，并在鲁棒性和有效性上对目标检测和跟踪效果有所改进。但是，在计算机视觉领域，还存在着问题有待解决或者改进，期待研究者不断努力，取得好的成绩。

5.2 展　望

作者未来工作主要从以下几个方面展开：

(1) 本书第 3 章中，按照颜色块面积由大到小进行排序，形成色块序列，然后建立颜色块位置拓扑矩阵进行比较。当遮挡情况发生时，某些色块会缺失或者面积变小。考虑按照颜色块颜色均值进行排序，加强视频目标跟踪算法在局部遮挡情况发生时的鲁棒性。

(2) 在寻找序列最优相似比较的算法中有两种算法使用最为广泛：Blast 算法和 Smith Waterman 算法。Blast 算法的运行速度要比 Smith Waterman 算法快，但是 Smith Waterman 算法要比 Blast 算法更为精确。本书在进行近似拓扑同构时借用了 Blast 算法的思想，考虑结合 Smith Waterman 算法的部分思想改进分布式跟踪方法，使跟踪的效率更高。

(3) 本书的视频多目标跟踪方法主要针对移动目标色块易分辨的视频图像进行，在实际应用中，有些视频由于硬件设备参数较低，或者光线、环境等客观因素影响，视频移动目标的颜色信息较难提取。未来研究主要针对此类视频图像，寻找新的特征因子，与本书中提到的部分方法结合，设计出适用性更广的高性能视频移动目标跟踪方法。

参 考 文 献

[1] Gonzalez Rafael C, Woods Richard E. 数字图像处理[M]. 2 版. 阮秋琦，阮宇智，等，译. 北京：电子工业出版社，2007.

[2] Prince Simon J D. 计算机视觉：模型、学习和推理[M]. 苗启广，刘凯，孔韦韦，等，译. 北京：机械工业出版社，2017.

[3] Haritaoglu I, Harwood D, Davis L S. W4: Real-Time Surveillance of People and Their Activities[J]. Planta Medica, 2015, 81(10): 847-54.

[4] François A R J, Medioni G G. Adaptive Color Background Modeling for Real-Time Segmentation of Video Streams[C]// in International on Imaging Science, System, and Technology. 1999.

[5] Zhou Y, Tao H. A Background Layer Model for Object Tracking through Occlu-sion In Proc[C]// Computer Vision, IEEE International Conference on. IEEE Computer Society, 2003: 1079.

[6] Kato J, Watanabe T, Joga S, et al. An HMM/MRF-based stochastic framework for robust vehicle tracking[J]. IEEE Transactions on Intelligent Transportation Systems, 2004, 5(3): 142-154.

[7] Elgammal A, Duraiswami R, Harwood D, et al. Background and foreground modeling using nonparametric kernel density estimation for visual surveillance[J]. Proc IEEE, 2010, 90(7): 1151-1163.

[8] Ristic B, Arulampalam S, Gordon N. Beyond the Kalman Filter-Particle Filters for Tracking Applications[J]. IEEE Trans of Aerospace & Electronic Systems, 2004, 19(7): 37 - 38.

[9] Gutchess D, Trajkovics M, Cohen-Solal E, et al. A Background Model Initialization Algorithm for Video Surveillance[C]// Computer Vision, 2001. ICCV 2001. Proceedings. Eighth IEEE International Conference on. 2001: 733-733.

[10] Chris Stauffer, Grimson W E L. Adaptive Background Mixture Models for Real-Time Tracking[C]// IEEE Conference on Computer Vision & Pattern Recognition, 1999: 2246.

[11] Power S W, Wayne P, Wayne P, et al. Understanding Background Mixture Models for Foreground[J]. Imaging & Vision Computing, 2003.

[12] Huwer S, Niemann H. Adaptive Change Detection for Real-Time Surveillance Applications[C]// Visual Surveillance, 2000. Proceedings. Third IEEE International Workshop on. IEEE, 2000: 37-46.

[13] Vezzani R, Cucchiara R. Video surveillance online repository (visor): an integrated framework[J]. Multimedia Tools and Applications, 2010, 50(2): 359-380.

[14] Rosin P. Thresholding for Change Detection[C], IEEE International Conference on Computer Vision, 1998: 274-279.

[15] Tsai J C, Yen N Y. Cloud-empowered multimedia service: an automatic video storytelling tool[J]. Journal of Convergence, 2013, 4(3): 13-19.

[16] Sharma R, Nitin N. Duplication with task assignment in mesh distributed system[J]. Journal of information processing systems, 2014, 10(2): 193-214.